思维觉醒

你的思维和眼界，决定了你的格局

潘鑫◎著

中国纺织出版社有限公司

图书在版编目（CIP）数据

思维觉醒 / 潘鑫著. --北京：中国纺织出版社有
限公司，2022.10

ISBN 978-7-5180-9871-2

Ⅰ . ①思… Ⅱ . ①潘… Ⅲ . ①人生哲学—通俗读物
Ⅳ . ①B821-49

中国版本图书馆CIP数据核字（2022）第172726号

策划编辑：向连英　　　责任编辑：顾文卓
责任校对：高　涵　　　责任印制：储志伟

中国纺织出版社有限公司出版发行

地址：北京市朝阳区百子湾东里 A407 号楼　邮政编码：100124

销售电话：010—67004422　传真：010—87155801

http://www.c-textilep.com

中国纺织出版社天猫旗舰店

官方微博 http://weibo.com/2119887771

三河市延风印装有限公司印刷　各地新华书店经销

2022 年 10 月第 1 版第 1 次印刷

开本：710×1000　1/16　印张：13

字数：125 千字　定价：49.80 元

凡购本书，如有缺页、倒页、脱页，由本社图书营销中心调换

俗话说：成大器者，胜在思维格局。一个人思维格局的上限，决定了他的能力高度。在这个瞬息万变的时代，一个人唯有打破固有的思维障碍，才能获得能力的提升，从而拥有一个更精彩的人生和更广阔的世界。

记忆里，幼时的我身居农村，家境贫寒。父母深知学习是改变命运的唯一出路，即便条件再艰苦，依旧把我送入市区名校就读。知道读书的机会来之不易，我努力读书，在全校名列前茅。可好景不长，在一年之中，家中发生了巨大的变故，导致父母需要借钱供我读书。看到了父母的不容易，看到了家庭的现状，年仅 14 岁的我为了减轻家中的负担，不得不做出决定，最终放弃学业，跑去杭州学做裁缝。短短两年时间，自己会裁、会做、会设计。后来我开了一间服装加工店，带出了很多学徒。从事服装行业这几年，虽没有大富大贵，但是每年都有几万的存款。

不过，真正令我打开眼界的还是我的表姑夫。他开服装商场年收入大几百万，这种情形已经颠覆了我对财富的认知。我的人生也似乎找到了新的方向！

为了向更高的理想迈进，我果断放弃经营了多年的服装行业，和父亲一同投奔表姑父，每天在表姑父身边学习，增长了知识与远见！几个月时间里我基本掌握了大体的工作流程和要点。之后，我回老家借了几十万在江苏最好的商场租了两家门店，开启了我的创业之路！

此后，我的人生犹如开挂般顺利。事业蒸蒸日上的同时，我也开展了新的业务，涉及传媒广告、商业地产等多领域。可好景不长，2012年由于金融危机，我的资金链断裂，走投无路的我只好卖掉了所有的产业抵债，最后还负债一个多亿。从亿万富翁再到亿万"负翁"，我的人生彻底从顶峰跌到了谷底。在那段贫穷、孤独、迷茫、无助的时光里，我遭遇了很多绝望的事情：拖欠了房东几个月的房租，对方毫无体恤的把我的衣服扔到了阳台；女儿因为交不起学费直接被退学……而事情远不止于此，妻子即将生产，因为无钱交费，让我内心彻底崩溃了。儿子的平安落地，重新燃起了我对生活的责任与希望！妻子不断给我鼓励和信心，我拼了命也要去努力。我告诉自己不能放弃，不能倒下。我一天打多份工，不断学习，不断换圈子，自己的人生也慢慢变得明朗。

这样的生活我苦苦坚持了两年，结识了各个行业的佼佼者并受益匪浅。我开阔了自身的眼界，打开了人生的格局，进化了思维，同时也让自己彻底与以往告别。我还清所有负债，让自己和家庭过上了美好的生活。这两年我领悟出一个道理，和什么样的人在一起就会成为什么样的人，所以一个人想要成功，"破圈"很重要！

如今，我将用自身的影响力去帮助更多的人实现人生的梦想与价值！因为我明白，自己的成功不算成功，带领着千千万万的家庭成功才是真正的成功！

本书以思维觉醒为着眼点，用我半生的认知和思维方式为你提供可实操落地的人生智慧。在本书中，你可以解锁谋大事者常用的十大顶级思维，还可以了解阻碍你成功的一系列弱者思维，以及日常生活中常见的一些思维误区等。

为了方便大家理解，本书中还穿插了很多趣味性的案例和经典的心理学实验。大家在阅读的过程中、不知不觉间就会升级思维，打开眼界，拓宽格局，看清世界，从而让自己的人生实现迭代升级。

潘鑫

2022 年 8 月

第一章　成大器者，胜在思维格局

第二章　弱者思维，正在拖垮你

第三章　顶级思维，让认知觉醒

第四章　跳出思维误区，"养大"自己的格局

第五章　真正的思维高手，都在修炼必备的底层能力

第六章　突破思维局限，助力思维升级

第一章
成大器者，胜在思维格局

居安思危：真正的智者都是未雨绸缪

德拉鲁公司曾经是世界上最大的印钞厂，其鼎盛之际曾与全球 140 家央行签订了合同，承包了全世界三分之一的钞票的印刷工作，但就是这么一个豪横的公司在 2019 年也曾发出过破产的预警。而导致其陷入危机的原因大致分为两点：第一，电子支付席卷全球，移动支付成为人们全新的生活方式，因此，大家对钞票的需求量急速下降；第二，公司本身的技术停滞不前，这导致法国的竞争对手抢走了德拉鲁价值 4 亿英镑的英国护照印刷合同。

德拉鲁公司的衰落告诉我们：这个时代瞬息万变，如果你没有危机意识，不能维持自我更新与迭代的能力，那么即使你手捧"铁饭碗"，也无法逃避"生老病死"的自然规律。

反之，如果你能有预警思维，即使身处安稳的环境之中也能思考到可能潜在的隐患，并提前做好应对之策，那么便可避免很多惨痛的后果。

被誉为刘邦第一"毒士"的陈平早年投靠在项羽门下，不过项羽一直不太信任他，并且还扬言要杀掉他。无奈的陈平只得离开项羽，逃往汉营投靠刘邦。在逃跑期间，陈平坐上了一艘渡船，在船上他碰到几个面露凶相的大汉，陈平虽然感觉到有些害怕，但是奈何自己眼下正急于逃出项羽的追杀，只得硬着头皮继续待在船上。

船在离岸之后，那几个大汉便直勾勾地盯着陈平，彼此之间还窃窃私语，生怕这块到嘴的"肥肉"从他们眼前飞走。陈平意识到这伙人应该是惦记上了自己身上的钱财，可口袋里有没有钱只有他自己知道。

陈平暗自思忖：这伙人如今意图如此明显，等会儿万一动手之后发现扑了一场空，会不会心生怨恨，取了自己的性命呢？而且，对方一旦动手，他寡不敌众，肯定是要吃亏的。想到这儿，他心中慢慢有了自己的谋划。

不一会儿，船行驶到了河中央，船速也明显慢了下来，陈平知道他们要动手了。这时，只见陈平漫不经心地走到船头，一边大声叫嚷着天气太热，一边脱光了身上的衣物。船上的几人看见光着膀子的陈平身上确实没有值钱的东西，于是便打消了谋害他的想法，很快就把船开到了对岸。

在上面这个故事中，陈平之所以能安全脱险，跟他预判危机的能力有很大的关系。假使他没有预警思维，事先没有给那几个劫匪传递自己"身无分文"的信息，那么后面无疑会遭受很大的灾祸，到时候能不能安全脱身都是一个未知数。

所以，要想在如今这个瞬息万变的社会立足，我们每个人也应该像陈平一样，懂得居安思危，提高自己对事件未来发展的预判能力，事先充分考虑事物变化的趋势，做出正确的判断以及应对措施。

那么作为一个普通人，如何养成预警思维，从而为将来可能发生的隐患做好准备呢？以下是两个可行的建议。

第一，让学习成为常态。

学习是一个人成长进步的阶梯。当你通过学习获取到更多的知识和技能时，你会发现自己的思维和格局有了更大的改观，而且对于未知的困难也有了更多可以应对的方案。

第二，为不同的可能性做好准备。

战国时期有一个名叫田单的齐国人非常睿智。当时燕国正在攻打齐国，齐国城里的百姓纷纷拖家带口四处逃难，田单也不例外。不过和别人不同的是，田单在逃难之前事先把自家车轴上两个突出来的部分全部锯掉，然后再安上铁箍。

后来，事实证明田单的这个做法相当睿智。逃亡路上，大家你追我赶，毫不相让，这导致多驾马车发生碰撞，而碰撞之后车轴纷纷断裂，车里的人心急如焚，但是寸步难行，最后只能无奈地成为燕国军队的俘虏。而有先见之明的田单因为事先考虑周到，和家人们逃过了一场劫难。

《菜根谭》有云："忙里要偷闲，须先向闲时讨个把柄；闹中要取静，须先从静处立个主宰。不然，未有不因境而迁，随事而靡者。"一个人只有懂得居安思危，未雨绸缪，事先做好规划，遇事方能从容镇定，进退自如，从而安全地走过人生的每一道关卡。

欲进思退："退"是另一种姿态的前进

你听说过企鹅的沉潜规则吗？一只身躯肥胖笨拙的企鹅要想上岸，它会先猛地从海面潜入深海，紧接着依靠海水的压力和浮力急速向上，漂亮上岸。在此过程中，因为它有了退为进这种蓄势待发的思维和策略，所以即便水陆交接处全是滑溜溜的冰层、尖锐的冰凌也阻挡不了它前进的步伐。

《菜根谭》有云："处世让一步为高，退步即进步的张本。"有时候，退不是懦弱，而是一种蓄势待发的智慧，更是另一种姿势的前进。拥有这种思维格局的人，往往能在危机到来之际做出明智的选择，从而为自己谋取长远的安全和利益。

隋末天下大乱，突厥举兵入侵大唐，身为太原留守的李渊不但不反抗，反而主动向突厥求和称臣。众人对此疑惑不解，但是李渊却有自己的打算。

原来，在任职期间的李渊早已遭到隋炀帝的猜忌，此时的他即将面临杀身之祸，而起兵造反成为他当时自保的唯一出路。彼时的他要想率军出征，攻取长安，必定得先稳住突厥，否则很有可能会让自己陷入隋军和突厥的南北夹击之中，到时候太原这个根据地不但保不住，甚至连自己的根基力量也会受到重创。

出于这样的考虑，李渊决定向后退一步，先向突厥称臣。为了表明自己投诚的决心，他在给突厥写信的时候特意在落款处写了一个"启"字。李渊的部下建议他把这个"启"字改为"书"，以表明两方之间平等的关系，但他不愿意这样做。

他的低姿态赢得了突厥始毕可汗的信任，始毕可汗很高兴地接纳了他的臣服，并且派出两千人马的骑兵队伍前来援助李渊。就这样，李渊依靠自己的"退"稳定了晋阳的后方根据地，同时还增强了自己的战斗力，为日后唐朝的建立奠定了一定的物质基础。

古语有云："忍一时风平浪静，退一步海阔天空。"若是当时的李渊没有忍和退的思维和格局，那么必定会"乱了大谋"，最后落得个满盘皆输的结局。而在历史上，与李渊同样有大格局、大智慧的人还有张之洞。

张之洞在调离两广总督之后，由李瀚章接手了他的工作。彼时的张之洞与李瀚章的哥哥李鸿章是朝廷里的一对劲敌，但他走的时候并没有为难李瀚章，反而留给他200万两银子，让他以备不时之需。这让面对财政亏空数额庞大愁得焦头烂额的李瀚章大为感动。

张之洞在言语和行动上的退让不仅让他化解了政敌的仇恨，而且还赢得了将领们的信任和忠诚。这也为他后来的仕途打下了坚实的基础。

《菜根谭》里有这样一句话："处世不退一步处，如飞蛾投烛、羝羊触藩，如何安乐？"意思是为人处世如果不懂得该退却时就退却的道理，就像飞蛾扑向烛台上的火焰，公羊对着坚硬的墙体硬顶，这样的人生怎么能得到安宁快乐呢？

"退一步"是人生的一种智慧，更是优化自我的一种手段。只有懂得从喧哗闹市中退出来的人，才能获得难得的清净，才能让自己保持独立和冷静思考的能力。另外，一个人若是能从纷繁复杂的事务中退出身来，那么他便拥有更多独处的时间去充实自我。

钱锺书成名后，每天都有很多人慕名前来拜访，但不管谁来打扰，他都闭门不见。有一次，一位外国女记者看完他的书之后想要见他一面，在电话里，钱锺书风趣幽默地说："假如你吃了一个鸡蛋觉得很好，何必一定要去见一下下这只蛋的鸡呢？"

这种婉拒既表明他对名利的淡薄，又暗示了他对红尘俗世的厌烦，抽身而退的他把全部时间和精力都投入到书本中。

当然，也正是因为他的"退"，让他获得了深厚的历史文化积淀，从而成为学贯中西、才华横溢的一代文化大师，之后他被人们亲切地誉为"博学鸿儒""文化昆仑"。

在矛盾的当口，"退"是一种迂回的战术，更是化解仇恨的一种智慧选择；在纷繁复杂的社会中，"退"是一种保持自我清醒的必要选择，更是完成自我更新迭代的第一要务。

布袋和尚有一首寓意深刻的禅诗："手把青秧插满田，低头便见水中天。心地清净方为道，退步原来是向前。"愿每一位读者都能拥有这种从容豁达的思维方式和处世智慧，欲进思退，退中求进，从而顺利达成自己预设的目标。

欲通思变：多一分变通思虑，少一分焦虑不安

美国康奈尔大学的威克教授曾做过这样一个有意思的实验：

他把几只蜜蜂放进了一个玻璃瓶内，瓶底朝着有光亮的地方，瓶口敞开着，然后他细致地观察蜜蜂究竟有什么样的举动。结果发现，这种喜光的小昆虫一个劲儿地朝着有亮光的地方飞，最后即便累得奄奄一息还是努力地在那里寻找着出口。

后来，这个教授又把实验的对象换成其他昆虫，只见这些昆虫刚开始因为找不到出口而变得紧张慌乱，但是它们在瓶子里乱闯乱撞，最后竟然找到了出口，成功逃离了眼前的困局。

上面的这个实验启示我们：做人一定不要像蜜蜂那样，思维固化，一根筋走到底。必要的时候，我们需要变通思维，以此谋求新的解决问题的办法。

在使用变通思维解决问题时，我们首先要从原有的固化思维中解脱出来，其次换个思考的角度，进入一个新的思维框架中，这样说不定就会有"山重水复疑无路，柳暗花明又一村"的惊喜。

1945年，德国战败，这个国家的很多城市经过炮火的洗礼早已繁华不

再，沦为一片废墟。这个时候，有个年轻的德国人在百废待兴的特殊时刻嗅到了一个商机：这个国家的人民非常渴望获得外界的信息，如果此时倒卖收音机一定会大赚一笔。

可糟糕的是，当时的德国仍然被其他国家的军队占领着，因此制造和销售收音机便成为一件违法的事情。那么如何才能破除眼前的困局呢？这个小伙子灵机一动，想到了一个绝妙的对策：他先把收音机的零部件全部配好，并且附上说明书，然后以"玩具"的形式售卖出去，顾客收到货后再自行组装，就可以正常使用。

这个绝妙的思维转变让小伙子既规避了违法的风险，又获得了巨大的收益。据悉，当时的他仅用一年的时间就卖出了十几万盒"玩具"，这也为他后来创建西德最大的电子公司奠定了丰厚的物质基础。

作家萧伯纳说："明智的人使自己适应世界，而不明智的人只会坚持让世界适应自己。"

在日常的工作生活中，我们难免会被各种各样的困难所干扰，有的时候走进死胡同，愁得焦头烂额，毫无头绪。此时，我们改变不了环境但可以改变自己，我们可以像这个年轻人一样给自己固有的思维解一解套，学会变通，这样说不定就能找到应对的方法。

拥有变通思维的人懂得根据实际情况做出最好的判断，给出最合适的变通方案，从而让自己绝处逢生，成功破局。著名的京剧表演艺术家梅兰芳就是这样一个懂得变通的人，他依靠出色的控场能力获得众人一致的称赞和敬佩。

一次在《白蛇传》的演出现场，梅兰芳不小心犯了一个错误：按照剧情原本的要求，梅兰芳饰演的白娘子要用一根手指头去戳一下负心汉许仙的脑门。但在表演的过程中，由于许仙的扮演者俞振飞离得太近了，所以梅兰芳稍一用力便把跪着的俞振飞戳得差点栽倒在地。

就在这千钧一发之际，梅兰芳下意识地扶了一下俞振飞。可眼前的俞振飞分明是一个自私无情的"负心汉"啊，如果自己去扶的话，观众肯定会觉得不合理。意识到这一点的梅兰芳在扶住许仙的同时，又轻轻地把他推了一把。

一戳、一扶、又一推的细微动作被观众尽收眼底，大家立刻就从这些细枝末节中体会到白娘子对许仙的爱恨交织。原本这是一场舞台事故，结果经过梅兰芳的巧妙处理却变成了流传的经典。由此可见，懂得变通思维是多么的重要。

《周易·系辞下》有言："穷则变，变则通，通则久。"这个世界每时每刻都在发生着变化，我们既然无法改变未知的世界，那么就要懂得变通，善于在各种假设和未知的事物中寻求答案。当你丢掉惰性，将自己从固有的思维囚笼中挣脱出来时，你就会发现更广阔的视角、更新颖的方式以及更有趣的答案。

成事不扬：低调谦逊，是涵养，更是智慧

我曾经在网络上看到过这样一个暖心的故事：

在一个国际医学论坛上，一位著名的外科医生因为过度紧张一上台就说错了话，这一举动引得台下众人议论纷纷。这时，台上一位著名的主持人笑着说道："大家知道吗？我今天能跟这么好的医生同台，实在是三生有幸。要知道，今天我递给他一只话筒，他照样能主持节目，但如果他递给我一把手术刀，我打死也不敢上手术台呀！"此话一出，台下瞬间哄笑一片，掌声雷动，外科医生的尴尬境遇也得到有效缓解。

清朝学者郑燮说过："虚心竹有低头叶，傲骨梅无仰面花。"一个真正低调谦逊的人才是有格局、有修养的人。故事里的主持人本来也是一位专业能力极强且享有盛名的人，但是他为了缓解医生的尴尬不惜自我贬损，把优越感留给了他人。这样的胸怀气度、这样的思维格局又何尝不是一种有教养的体现呢？

在秋天的田野里，饱满成熟的稻穗只会低下头，而只有那些干瘪空心的稻穗才会仰着头。一个成熟的人，总是低调谦逊，从容不迫，不论身处什么地位都不会高人一等，因为他们知道，这不仅是一种修为，更是一种

生存于世的智慧。

古语有云："木秀于林，风必摧之；堆出于岸，流必湍之；行高于人，众必非之。"一个有智慧、有格局的人懂得藏起锋芒，且不居功自傲，他们胸怀韬略，处事异常低调。在独善其身、自我修行的过程中，他们也避免了很多不必要的祸事。

唐朝名将郭子仪戎马一生，战功赫赫。他先是在安史之乱时任朔方节度使，打败史思明，后来又与回纥合兵，收复两京，平定了安史之乱。之后，他还平定仆固怀恩叛乱，联合回纥，大破吐蕃。为此，唐代宗对他大加封赏，赐物、赏钱、封官、送宅，甚至还给了他6个美人。

然而就算功绩斐然，荣宠加身，郭子仪都不曾居功自满，傲视他人。他贵而不显，华而不炫，每次打完仗回来都把兵权交还给皇帝，这让皇帝十分放心。有一次，朝廷奸臣鱼朝恩挖掘了他父亲的坟墓，就连唐代宗都看不下去，但郭子仪还是圆场说自己久经沙场，手下的士兵也没少挖掘他人坟墓，所以不需要追究。

郭子仪的隐忍低调，不仅让他赢得了"权倾天下而朝不忌，功盖一代而主不疑"的美誉，也保全了他终身的安稳和荣华。

子曰："君子泰而不骄，小人骄而不泰。"低调谦逊是涵养，更是智慧。愿我们余生都学会低调，藏锋敛迹，多思慎言，既不借助过去的荣耀来抬高自己，又能够用成事不扬的低调姿态为自身获得有力的生存保障。

苦事不怨：真正的强者遇事不怨天，受挫不责人

北宋文学家苏轼说过："人有悲欢离合，月有阴晴圆缺。"人生在世，挫折和磨难几乎是我们人生的常态。当有一天，我们在外面摔了跤，淋了雨，尝到了命运酿的苦果时，我们与其怨天尤人，满腹牢骚，在一些不能改变的事情上纠缠不休，还不如把每一次委屈和难过都化作向上的动力，这才是一个大格局者该有的思维和态度。

人生在世，挫折苦难在所难免。我们若是稍微一遇到不如意的事情就怨天尤人，根本解决不了任何问题，反而使自己陷入糟糕的情绪和状态中无法自拔。

挪威心理学家诺德斯克曾提出一个概念：心理衍射论。意思是一个人的注意力是有限的，当他不停地为一些不相关的小事纠缠不休时，他就会精神无法集中，或者注意力发生偏差，如此一来，一些更加有价值的事情反而被忽略掉。

记得有一段时间，因为遭遇金融危机，我的负债多达亿元。那时候，我穷得连个像样的栖身之所都没有，租住在杭州一个又小又破的民房里，房子的屋顶上盖着石板瓦，阴雨天的时候，上面下大雨，下面下小雨，不

一会儿工夫，床底下就能流淌成河。就是这样一个破旧的小窝，我还付不起房租，而且一连拖欠了房东八个多月的租金。

怀孕的妻子马上就要临盆了，可我连住院的钱都凑不齐，为此我四处去借，可愿意伸出援手的人寥寥无几，大家觉得像我这样一个落魄的人根本没有偿还的能力。最后还是一个好心的亲戚借给我五万块钱帮我渡过了难关。

那个时候身处困局，无人帮扶，我的心里也闪现过一些怨愤和失望，可后来想一想，人生在世，谁又过得容易呢？为了生活，大家都在起早贪黑辛劳奔波。假如他们出于好心把钱借给我这样一个落魄潦倒的人，万一要不回来，那之前的种种辛苦岂不是打了水漂？想到这里，我也就释怀了。

这个世界上没有不好的别人，只有不好的自己。当命运递来苦涩时，我们与其百般抗拒，怨声载道，不如躬身自省，修炼自己，这样方能练就与命运抗衡的能力。

夏朝时候，有一个诸侯有虞氏起兵反叛，夏禹得知情况后立即派自己的儿子伯启御敌，可伯启带领的浩浩荡荡的队伍出战没多久就吃了败仗。

对此，伯启的部下很不服气，他们纷纷请求伯启继续出战，可伯启却认为，自己带领的队伍人数远远超过对方，而且领地也是对方的数倍之多，但最后还是不能降服对方，这一定是自己的战术策略和带兵方法出了问题。

自此，伯启每天早早起来打理政务，坚持任人唯贤，尽力照顾好自己的百姓。后来，有虞氏得知伯启的举动和变化，就没有敢再来兴风作浪，反而自动投降了。

有一位哲人说过："当你指责别人时，食指指着别人，而中指、无名指和小指则指向自己。"这也就是说，推责于人，自己也要承担三倍于别人的责任。这样的行为显然是不理智的。而一个真正有思维格局的人，遇事不怨天，受挫不责人。他们摔了跤，不会沉溺于当下的痛苦，而耽误要走的路；淋了雨，不会抱怨天气，而让自己错过雨后的彩虹。他们能够吞下心中的委屈，养大自己的格局，用强者的姿态，奋发向上，充实自我，静待回甘。

知错不避：有格局的人"知过不讳，改过不惮"

每个人都会犯错，但知错改错却并不是人人都能做到的。有些人在犯错之后害怕承担责任，也害怕遭到别人的嘲讽，更害怕丢了自己的面子，于是自欺欺人，死不悔改。而有思维格局的人则持与前者相反的态度，他们犯错之后，光明磊落，坦然承认，并且身体力行地弥补自己的过错，以求将自己的失误降到最低。

一般来说，思维格局越大的人，越能坦诚面对自己的错误。正所谓"闻过则喜，知过不讳，改过不惮"。用这句话形容这类拥有大智慧、大格局的人再贴切不过了。

收藏家马未都说："一个人能在这个社会上成功，就是他的纠错能力比别人强。"一个懂得自省且善于知错改错的人余生会大受裨益。主要包括以下三个方面。

第一，知错改错，可以帮你躲避大的灾祸。

曾经听过这样一句话："如果有人批评你或不认同你，一只憎恨、充满敌意的小蚂蚁会在你心中生出来。如果你不立刻捏死它，它会长成一条蛇，甚至成为一条大龙。"这句话告诫我们要珍惜批评，直视自己的错误，否则你将面临更大的灾祸。

在一辆公交车上，一名男子将抽完的烟头随手扔出了窗外。而此时一辆出租车正好迎面赶来，烟头掉进了出租车司机的衣领里。这突如其来的灼烧感让司机受到惊吓，慌乱之下，出租车一头冲进了绿化带。而坐在出租车里的客人正好是某厂负责消防设施的工程师。

工程师因车祸住院，自然无法对该厂的消防设施进行及时的改造和修整。半个月后，该工厂因为一次意外发生火灾，上千万的资产顷刻间被火海吞没，厂子随即宣布倒闭。

而扔烟头的男子恰好又是该厂的一名员工，或许他做梦都想不到自己的一次无心之失，竟然会引发多米诺骨牌效应，最后导致失业的结局。

俗话说："改小错，避大祸。"假使一开始公交车上的男子能改掉随便扔烟头的陋习，那么也许他今后就会安安稳稳地在厂里上班，不至于失去可靠的经济来源，也不至于摊上高昂的车祸赔偿费用。

烟头男子的失误案例不禁让人想到了"一个钉子毁灭一个王国"的故事：欧洲一个国王为了省钱，在马掌上少钉了一个钉子。而少了一个铁钉，就丢了一只马掌；少了一只马掌，就折了一匹战马；折了一匹战马，就伤了一位骑士；伤了一位骑士，就败了一场战役；败了一场战役，就失了一个国家。

"小错不改，必有大错，大错成形，灾难已近。"听完上面这两个故事，相信我们都能意识到知错、认错和改错的重要性。

第二，知错改错，是一个人自我进步的最好方式。

布莱斯洛的拉比拿赫曼曾说过："不接受批评的人不可能成为伟大的

人。"知错改错是一个人非常重要的思想品质，也是一个人难能可贵的辨明是非的能力。拥有这种思维和能力的人，一般都能在错误中学习，在反思中进步，从而让自己变得更加优秀和博学。

有一次，苏东坡前来拜见当朝宰相王安石，到相府后发现王安石正好有事不在家，仆人便把苏东坡领到主人的书房。苏东坡正在书房信步闲走之时，突然发现书桌上还有一首未写完的诗："昨夜西风过园林，吹落黄花满地金。"

苏东坡见状暗自思忖："西风"不就是寒冷萧瑟的秋风吗？而"黄花"就是耐寒傲霜的菊花。菊花乃是深秋寒霜季节仍能花开不断的花中君子，以它高傲的气节，坚韧不拔的精神，怎可轻易被秋风吹落而满地金黄呢？

想到这里，苏东坡便提笔写道："秋花不比春花落，说与诗人仔细吟。"之后，苏东坡并没有如愿等到王安石，待了一会便起身回家了。王安石回到家中，看到了桌上续写的两句诗，并没有过多地计较，只是笑着摇了摇头。

后来，苏东坡被贬到了黄州，担任团练副使。一日，他邀请好友去郊外赏菊，彼时正是九九重阳，连日来秋风呼呼作响，吹得菊园中满地铺金，这场景与王安石诗中的描述一般无二。苏东坡当即被惊得说不出话来。这时，他才意识到自己在相府因为见识浅薄而闹了笑话，于是赶紧提笔向王安石写信认错。

马罗曾经说过："永远不要因承认错误而感到羞耻，因为承认错误也可以解释为你今天更聪敏。"对自己的过错不忌讳，不害怕，勇于改正，使得苏东坡没有在错误的道路上越走越远，并且他的自省精神也让他在成功的路上吸取了很多宝贵的经验和财富，这也为他后来成为北宋著名的大文学家奠定了深厚的文化基础。

第三，知错就改，可以帮助你赢得他人的尊敬和信任。

有一次，松下电器的一名新员工因为缺乏经验，导致一笔贷款收不回来。松下幸之助知道此事后勃然大怒，当着会议室很多人的面就把那名员工狠狠地批评了一通。可事后他才意识到自己也有过错，要不是自己签字批准，那笔贷款也放不出去。心怀愧疚的他很快拨通了那个员工的电话，真诚地向对方道了歉。此后，得知那名员工要搬新家，松下幸之助还特意送上贺礼，并且跑上跑下地帮他搬了家。

比起做错事却打死不承认的人，松下幸之助这一类人更容易获得别人的敬重和信任，当然也更容易获得好的人际关系。

古语有云："过而不能知，是不智也；知而不能改，是不勇也。"犯错之后，只有当我们摆正心态，积极面对，勇于承担，善于改正，才能避免更大的灾祸，也才能使自己复盘犯错背后的原因，从而不断完善自我，达到真正的高度。

取舍有道：高级的人生善于选择，勇于放弃

美国一家大型公司在招聘员工时曾出过这样一道题目：

一个暴风骤雨的晚上，当你开车路过公交站牌时，你看到有 3 个人正在焦急地等待公交车：一个是在生死关头急着要去医院的老人；一个是有恩于你，你急于报答的医生；还有一个是你心仪已久的对象，也许错过这次难得的相处机会，你们以后就无缘再见了。

这确实是一个难以抉择的问题，前来应聘的 200 个面试者均没有想到好的答案，但里面只有一个人被录用了，他给出的答案是这样的：给医生车钥匙，让他带着老人去医院，而我则留下来陪我的梦中情人一起等公交车！

我们的人生有无数个岔路口，如何选择，如何取舍，对于每个人来说都是一项不小的挑战。而且，也不是人人都能像那位睿智的面试者一样，能给出完美的答案。就像莎士比亚那句经典名言说的那样："To be or not to be，that is the question."

那么，当我们在学习和生活中面临一些抉择时，我们如何平衡好天平的两端呢？读完下面这个富有哲理的故事，相信你一定会有所感悟。

一日，庄子带着他的多位弟子来到一个山坡上。这时，他们看见有人在砍伐这里的树木，于是庄子便问："大家看看，这些被砍伐的树木有什么特别之处呢？"

这时有人说道："它们都是一些可以用来制作桌椅、木船和房梁的好木材。"

庄子听罢继续发问："那为什么路边有棵树又粗又壮，却没有成为他们砍伐的对象呢？"众人看了也十分不解，于是问一旁的伐木人到底是怎么回事。

伐木人告诉大家：那是一棵臭椿树，气味极其刺鼻，纹理歪曲，砍了也没什么用处。众人听罢领悟到这样一个道理：原来做人做事，不能过于激进，也不能太过展示自己的才华，应该收敛锋芒，否则会有灾祸。

庄子听罢意味深长地说道："你们只了解了一半。"

后来，他们一行人又来到一处农舍吃饭，农舍的主人便想杀掉圈养的大鹅招待他们。就在主人抓鹅的过程中，大家看到一只白鹅不紧不慢地从主人身边经过，但主人却没有抓它，而是把目光聚焦在那些吓得上蹿下跳的同伴身上。

弟子们对此疑惑不解，只好向主人请教。主人告诉大家："这只鹅与众不同，它的叫声宛若天籁，有高山流水之音，我不忍杀它。"于是弟子们又领悟了一个道理：只有有才华的人才能得以善终，无才无艺的人终将被淘汰掉。

可是说着说着，大家发现前后悟到的道理好像非常矛盾，做人到底应不应该展露才学呢?

这时,庄子告诉大家:"君子,应处木雁之间,当有龙蛇之变。"意思是当环境合适的时候,你可以像龙一样,在天上飞腾万里,尽情地展示自己的才华;但是当遇到大旱天气时,你要像蛇一样,驻扎在泥泞洞穴里,放低姿态,等待时机。

这个故事告诉我们:人生在世,瞬息万变,我们在做抉择的时候一定要懂得随机应变,在合适的时候,选择该选择的,放弃该放弃的,这样才能更好地保全自身,从而为将来的长远发展做好准备。

不过,在人生取舍的过程中,不管做什么样的选择,我们都不可能获得完美的结果,正所谓"有得必有失",所以大家一定要摒弃完美主义的想法。

另外,在取舍之间进行抉择的时候,大家也要明确目标,保持理智,从自身的长远利益出发,这样才不会做出遗憾终身的错误决定。

秦惠王想要讨伐蜀国,但是蜀地处处陡峭险峻,易守难攻。这可愁坏了秦国的国君,后来有人灵机一动,想到了一个很好的办法:秦军把石头凿刻成牛的样子,还将金子塞在石牛的尾巴下面。贪婪的蜀国国君听秦人说,石牛可以拉出金子,于是赶紧命人挖山填平这里的深谷,另外还派了5个大力士迎接石牛。

秦王看到"山涧峻险,兵路不通"的地理问题已经被蜀王一一解决,于是很快率领军队消灭了蜀国。

清代诗人顾嗣协在《杂兴》中写道:"骏马能历险,力田不如牛。坚车能载重,渡河不如舟。舍长以求短,谋者难为全。"自古以来,人生难有两全之策。作为一个有思想有格局的人,我们一定要明白这样的道理,不能像蜀王那样贪图眼前的利益，而舍掉长远的利益，否则会让自己陷入糟糕的境遇。

最后，我们在做人生取舍这道大题的时候，一定要明白一个重要的道理：欲先取之必先予之。"予"是为了更大地"取"。小"予"往往能换来大"取"。

从前，有一个家境贫寒的男孩子，为了生存下去，他不得不依靠卖报赚钱。

刚开始的时候，他对这个行当并不了解。报亭老板问他打算订多少份报纸出去卖。衣衫褴褛的他害羞地低下头，然后小声地问老板，别的孩子卖多少份。老板笑着告诉他："这个没有确切的数字。多的可以卖几百份，少的可以卖几十份。不过，不管怎么卖，最后剩在手里的越多，赔得就越多。"小男孩听了老板的话，要了 100 份报纸。

到了第二天，报亭老板又一次看到了小男孩，这次他竟然要 200 份。老板吃惊地问他："昨天的都卖完了吗？"小男孩笑着点了点头，然后接过老板递过来的报纸，快速跑开了。

到了第三天，小男孩又空着手来到这里，张口就要 300 份。老板很惊讶地看着他，他很想知道这个小男孩究竟是怎么把报纸卖出去的。于是在好奇心的驱使下，老板跟在小男孩的后面。到了车站之后，老板见小男孩并没有像其他孩子那样卖力叫喊，而是一个一个地给候车室的乘客手里塞报纸。等到最后一排的乘客都发完之后，他才开始慢慢收钱。

老板不解地问小男孩："你就不怕别人拿着报纸不给钱就跑路吗？"小男孩淡定地说道："有这种情况，不过很少。因为大家看见我是一个努力讨生活的小报童，所以不好意思坑我。另外，我大概算了一下，以这样的方式发出去，总比报纸剩在手里要赚钱。"

男孩的一席话惊呆了老板。从此，老板对他刮目相看。

欲取先予是人生的一种智慧。故事中的小男孩，先为大家舍出了报纸和信任，之后他才取到了人们送出的金钱。在这个过程中，如果把"舍"和"予"的顺序调换一下，那么小男孩势必不会有那么多的收获。

权衡思量：智者知轻重，分缓急

生物学家曾经将十几只刺猬放在寒冷的野外。到了晚上，这些刺猬冻得瑟瑟发抖，为了取暖，它们相互之间靠得很近，可一旦靠拢，它们又会被彼此之间的刺扎得生疼，只能各自分开。但寒冷的冬夜又迫使它们不得不聚拢，就这样这些刺猬靠拢、刺伤、分散、再靠拢……经过无数次的尝试，它们最终找到了一个合适的距离，这个距离使它们既不会感到寒冷，也不会受伤。心理学家把这种现象称之为"刺猬法则"。

其实，在日常生活中，我们也应该像刺猬一样遵守好这个法则，说话要拿捏好分寸，做事要分得清轻重缓急，否则彼此之间会相处得很不舒服，也更加不能长久相伴。

三国时期的杨修是一个聪明，且极具才华的人，他被罗贯中赞为"笔下龙蛇走，胸中绵帛成"。但就是这样一个胆识过人、学识渊博、能言善辩的优秀人才却因为不知轻重、没有分寸而招来了杀身之祸。

有一次，曹操修建了一座花园。花园建成之后，曹操前来观看，看完之后，他二话不说，提笔写了一个"活"字，然后就离开了。众人对此一脸疑惑，这时杨修满脸得意地告诉大家："门里面填个'活'，就是

'阔'，丞相这是嫌弃你们把花园修建得太大，太招摇了呀！"

工匠们听后赶紧把花园又修整了一番，曹操见状很是满意。他问大家："你们是怎么知道我的心思的呢？"众人皆说受了杨修的指点。

后来，曹操收到了塞北进贡的一盒酥糕，他又提笔在盒子上写了3个字"一合酥"，杨修看后命人把糕点分给了众人。曹操得知此事后，问杨修为什么要这么做，杨修答道："您在盒子上写着一人一口酥，这就是让我们分着吃了这个食物，我怎么能不执行丞相的指令呢！"

曹操听了虽然表面上笑嘻嘻的，但是心里却十分不满，因为作为一个领导，谁都不希望自己的心思经常被下属一眼看穿。后来，杨修因为一次"鸡肋"事件彻底惹恼了曹操。

有一回曹操攻打刘备，打得十分艰难，最后快要弹尽粮绝了。这个时候若要撤退，恐怕招人耻笑，可要继续进攻，又会损失惨重，因此曹操心中十分犹豫。

部下夏侯惇前来请示夜间口令，曹操看了一眼碗里的鸡肋，随口说道："鸡肋！鸡肋！"杨修见此情况，又命随从军队收拾东西，准备撤退。夏侯惇对此大为不解，杨修解释道："鸡肋，鸡肋，食之无味，弃之可惜。丞相这是觉得驻扎在这里也没有什么益处了，打算早点回去呢！所以我提前通知大家收拾行装，以免到时候慌乱。"夏侯惇听了杨修的话也觉得很有道理，于是命令军营中的诸位将领收拾行装，准备回朝。

夜间，曹操起来巡视大营，见士兵都有撤退之意，于是赶忙询问原因。当他得知又是杨修在指挥众人时，他瞬间勃然大怒，接着曹操以"杨修乱造谣言，乱我军心"为由直接把杨修拉出去砍了。

世人皆说杨修聪明，但他的聪明其实是小聪明，缺乏大智慧。在军营任职时，杨修虽说才智过人，但是没有谨守本分，从不考虑领导的感受，更不知道什么话该说什么话不该说，最后惹得领导厌恶至极，从而结束了他的生命。

杨修的故事告诉我们，做人做事要知轻重，不逾越，恪守界限，这样才是一个智者该有的修养和境界。就像孟子说的那样："权，然后知轻重。"没有权衡利弊，我们根本不知道孰轻孰重。

当然，一个真正有思维格局的人不仅要知轻重，还要分缓急，即做事的时候要主次分明，并有一定的规划。对于那些迫在眉睫的事情，我们要抓紧时间去办，对于那些急不来的事情，也要戒骄戒躁，有条不紊地推进，这样才不至于把事情搞成一团乱麻。

一日课间，一位老师带领着众学生做一个实验，他先将半杯水放在桌子上，然后又在旁边放了一些大的鹅卵石和小的鹅卵石。

接着他问学生们："如果我要想把这杯水变满，应该先放大鹅卵石还是小鹅卵石呢？"学生们听后议论纷纷，各抒己见，互不相让。就在这时，一位学生大声说道："应该先放大鹅卵石，再放小的鹅卵石，否则小的鹅卵石放进去，大的有可能就放不下了。"

老师听后满意地点点头，然后语重心长地告诉大家："这个实验教会我们一个做人的道理：做事要有轻重缓急，重要的事情我们一定要把它放在前面去处理，这样才不会留下隐患和麻烦。"

扁鹊曾说："若急病而用缓药，是养杀人也。缓病而用急药，是逼杀人也。"知轻重、分缓急是一个人顶级的修养和境界。我们做事情之前只有权衡思量，把握好边界感，才能赢来对方的信任和尊重，当然也只有分清主次缓急，才能条理分明地把工作处理好。

人格独立：有智慧的人从不活在别人的嘴巴里

《庄子》里有这样一个小故事：

鹏要飞往九万里之外的南海，蝉和小斑鸠就讥笑它："我们奋力飞翔，看到榆树和檀树就停下来了，有时飞不过去，落在地上就好了，你何必要飞到那么远的地方呢？"

其实，蝉和小斑鸠嘲笑鹏是一种非常愚蠢的行为。因为每个人对生活的理解不同，所以志向和目标也不尽相同。那些鼠目寸光、贪图安逸的人自然看不到拥有鸿鹄之志之人眼里的美好和心中的向往。

所以有智慧有格局的人从不活在他人的评价里，别人说什么大可以一笑置之，不予理睬，过好自己的人生、做好自己生活的掌舵者才是最为要紧的事。

著名的物理学家爱因斯坦生前活得恣意潇洒，非常随意，一件破旧的大衣快穿出破洞仍然不肯换。

朋友看见了就跟他说："你穿着这样不讲究，会招人笑话的。"

谁料爱因斯坦一脸无所谓地说道："那又怎样，反正大家都知道我是什么样的人。"

一个内心强大的人从来不在乎自己在他人眼中扮演的是什么样的角色，也不会因为他人的评论而难过伤心，更不会为了符合他人的期待而改变自己的想法和做法。因为他们明白，自己只不过是他人茶余饭后一个微不足道的谈资而已，被人议论其实是生命的常态。如果把这些外来的声音看得太重，就会让自己活得非常纠结痛苦，从而与幸福生活渐行渐远。

不过道理虽然是这样讲，但是生活中看不开、想不透的人实在是太多了。在日常的人际交往中，他们很在意别人的看法，也有一套自己固有的思维模式。在他们眼里，别人评价他们是什么样的人，他们就是什么样的人。比如一次偶尔的工作疏忽，导致给领导的报表出现了一组错误的数据，这个时候领导可能会说："你真是一个神经大条的人。"这个人听了领导的评论后，就会给自己贴上马虎不认真的标签，以后的他即使心细如发，处理事情认真严谨，也不觉得那是自己真实的样子。

这种现象在心理学上被认定为"脆弱的高自尊"。而我们要想改变这种不良的心态，就要先审视自己的思维模式，努力不让自己被固有的想法所束缚。要知道，一次失误并不代表什么，有时候正确看待失误比失误本身更有意义。

古时候，有个人画了一幅画，画完之后他总觉得有很多不如意的地方，于是他把画张贴到热闹的集市，请求大家指出不好的地方。

一天结束之后，这个人发现画上已经被人画出来很多密密麻麻的叉号。看着别人指出的种种失误，画师感到非常难过和沮丧。

朋友见状，给他提了这样一个建议："同样是这幅画，你可以让大家把喜欢的地方标注出来。"

这个人听了朋友的话立马照做，第二天晚上，他发现画作中标注叉号的地方又出现了一堆密密麻麻的对号。

读完这个故事，相信大家能够明白一个道理：每个人的好恶各不相同，所以没必要太在乎他人的看法。另外，这个世界上也不乏一些心存恶意的人，他们总喜欢对人评头论足，以彰显自己的存在感和优越感，所以对于他们的话更不需要放在心上。

美国著名演员索尼娅小时候因为被人讥讽长得丑而哭得非常伤心，她的爸爸得知此事后说了一句话："我能摸到咱们家的天花板。"

索尼娅听了觉得不可思议，她疑惑地问爸爸："好几米高的天花板你怎么可能摸得到呢？"这时，爸爸才语重心长地跟她说："所以啊，别人说的不一定是事实，有可能是信口胡说的。"

读完上面这两个小故事，相信你再也不会过度依赖他人的评价，也不再敏感于他人的想法和评价，而是重新审视自己，重建自我价值认知体系。最后，祝愿每一位读者都能保持一颗平和宁静的心，活出自己的精彩。

借力打力：懂得"借"这三种力的人终成大器

在如今这个快节奏的时代里，限制你人生发展的不仅有智商和学历，还有圈层。如果你仅仅局限在自己狭隘的生活圈、工作圈，没有贵人的引导和帮扶，那么就很难开阔自己的眼界，打开自己的格局，从而实现阶层的跃迁。

那么，我们应该如何打破阶层的固化，继而实现人生的逆袭呢？曹雪芹曾经说过这样一句话："好风凭借力，送我上青云。"一个真正有大格局的人不仅懂得依靠自己的力量，还懂得借助他人之力，顺流而上。

说得再具体一点，就是破圈需要三个秘诀：借智、借力、借势。

第一，借智。

有这样一个故事：上古时期，两个积怨已久的部落之间展开了一场异常惨烈的生死搏杀。战争进行到最后，存活下来的人只有两个。

就在二人还要缠斗之际，一群闻着血腥味而来的野兽团团包围了他们。眼看着两人快要成为野兽的美餐，他们也顾不得彼此之间的恩怨仇恨，他们背对背，一致对抗成群的野兽。最后，他们借助着彼此的力量和智慧，成功取得了这场战争的胜利，从而幸运地活了下来。

一个人的能力和精力是十分有限的，所以我们需要借助别人的智慧实现自己的目标。如我国著名的篮球运动员姚明，他之所以能获得骄人的成绩，离不开其他人的助力。首先，他找了一个非常专业的营养师为自己搭配饮食，这既能保证他的膳食及特殊营养能够得到及时补充，也能对他的身体机能进行有效监控，从而保证他体能良好，发挥出更高的水平；其次，姚明还有自己专业的健身教练，教练可以从专业的角度出发，科学合理地为他安排一系列训练任务，以保证他的体能得到最大限度地发挥；最后，姚明还找了火箭队的教练和篮球队的教练，传授给他最专业的技能技巧，以及科学权威的战略战术。总之，通过这些教练严格把控，合力促成了姚明的成功。

第二，借力。

有句话叫"借力使力不费力"。小成功靠个人，大成功靠团队。我们只有学会搭班子，借助团队的力量，才能获得更大的成功。假如你是一个不善言辞的人，你可以找一个能言善辩的人帮你谋事；假如你是一个互联网小白，你可以找一个资深互联网玩家和你一起共事；假如你是一个领导能力欠缺的人，你可以找一个擅长管理的人帮你组织团队，共谋发展。总之，不管怎么样，一定要学会借力，这样才能突破自身障碍，成功破圈。

第三，借势。

雷军说过："站在风口上，猪都能飞起来。"成功的路上，我们要懂得借势。早先年间，国内最受欢迎的购物平台莫过于淘宝和京东。而在移动互联网的下半场，得益于卫星技术的进步，以及智能手机得到普及和发展，中国九成以上农户家庭拥有至少一部智能手机，而且村户层面的网络接入条件已经充分具备。拼多多抓住这一有利局势，强势崛起。而此时随着新型城镇化政策的推进，经济的大力发展，三四线城市以及农村城镇人们消费升级的潜力开始释放，于是拼多多将这类人作为其主要的消费群体。

总之，拼多多借势互联网下半场智能手机在下沉市场普及，以及微信社交链的裂变，乘势而起、破局而出，打破了中国原本的电商格局，成功与"大哥"们一起瓜分天下。

庄子在《逍遥游》中写道："且夫水之积也不厚，则其负大舟也无力。风之积也不厚，则其负大翼也无力。"不管小舟也好，大鹏也罢，我们都应该像它们一样，学会借力打力，这样才能"人尽其才，物尽其用"，把所有的资源都恰到好处地利用起来，从而一举获得成功。

第二章
弱者思维，正在拖垮你

贪小便宜：格局小的"穷人"之为

春秋战国时期，晋国的国君派使者前来面见卫国君王。听到士兵通报这一消息后，卫君和群臣十分担忧，而一个名叫南文子的大臣却哈哈大笑起来。卫君见此情状，疑惑地问他："晋国此次派人来访，究竟意欲何为，大家都不知道，都很焦急和担心，为什么唯独你要哈哈大笑呢？"

南文子答道："大王应该问晋国这次派了多少人来，而不是和大家一起焦虑担心。"

卫君听了马上询问报信人，来使一共有多少人。在得知"两个使臣，没有军队"的信息后，众人都松了一口气。

卫君赶紧把晋国使者请到殿上，会面之后，晋国使臣按照自家大王的要求送上两匹骏马，一块白璧。

卫君一看都是些平常的礼物，没有军事威胁，于是放心地收了下来。待晋国使者离开后，卫君设宴与群臣共乐。宴会上，众人觥筹交错，眉开眼笑，只有南文子面露难色，一言不发。

卫君问他为什么会这样，南文子站起来，反问卫君："大王之于晋国，可有一些功劳吗？"卫君摇了摇头。

南文子接着又问："那大王可曾与那晋国国君有过礼尚往来吗？"卫君又摇了摇头。

南文子笑道："没有理由的礼物，没有功劳的奖赏，这是灾祸的先兆啊！咱们没有送往之意，他却有回返之物，因此忧虑。"

卫君听得心里一惊，于是立即派人叫边境加强防卫。不久之后，晋国果然起兵袭击卫国，但卫国这边由于早有防备，因此晋国军队没有讨到便宜，无奈又折返回去。

俗话说："无功不受禄""天下没有免费的午餐"。假使故事里的南文子不懂这样的道理，一味贪图便宜，那么就不会提醒国君做好防止偷袭的准备，等到他们醒悟过来时，卫国一定会遭受很大的损失。

这个故事启发我们：有些便宜真的不能贪，否则后面会吃大亏。

但是自古以来爱贪小便宜是人性的一大弱点，很多人为了省时省力省钱，绞尽脑汁，机关算尽，想从他人那里讨得一些便宜，最后却因小失大，反而使自己蒙受了更多的损失。

我曾经在网上看到过这样一个经典的幽默故事：

小刘是单位有名的"小算盘"，在他的认知里，每天占不到点便宜就是吃亏。

有一天，领导交给他一个任务：到马路对面的文具店买一些订书钉，买到之后火速装订好文件，交给老板。

小刘按照吩咐出了门，谁料在过马路的时候，他突然瞥见一辆路过的电动三轮车里好像有一个客人落下的鼓鼓囊囊的钱包。

三轮车司机看见他注视着自己的车子，便以为他要打车，于是赶紧停了下来，并热情地问道："先生，你要坐车吗？"

小刘尽管此时没有出行的需求，但为了那个鼓鼓囊囊的钱包，他还是坐上了车。为了能顺利地把这笔意外之财捞进自己的口袋，他特意跟司机说了一个很远的目的地：世贸超市。

随即司机就跟他要5块钱路费，对于这个价钱，小刘很是不满意，他觉得这段路3块钱就能解决，可司机却说这个价钱还不够他跑一趟的本钱。

小刘看了看钱包，咬牙答应了。一路上，小刘小心翼翼地盯着钱包，想瞅准机会把它顺到自己的口袋里。可司机师傅却不停地跟他说话，这让他没有机会可乘。

好不容易熬到了目的地，小刘先把事先准备好的车费给了司机，然后眼疾手快地去拿一旁的钱包。可奇怪的是，不管他怎么使劲，那个钱包都纹丝不动，小刘根本拿不起来。

"小伙子，别费力气了，那是我老婆绣上去的。原来那里破了个洞，为了美观，所以特意绣个东西遮挡一下。"不知什么时候，司机出现在了小刘的面前，吓了他一大跳。

小刘见行迹败露，尴尬地笑了笑，随即转身飞奔着离开了现场。

这时，他才想起老板交代的紧急任务，于是又不得不打个出租车，返回去办事情去了。

司机师傅看着小刘远去的背影，嘿嘿一笑："还是老婆的办法好！"

这个故事告诉我们：做人不要总想着占人便宜，没有真正的傻子。如

果你无法克制自己的欲望，非要贪图便宜，那么到头来很有可能赔了夫人
又折兵。

　　另外，当你费尽心机贪小便宜的时候，其实也在折损自身的形象，
榨干自身的价值，虽然你看似占到了一点便宜，实则损失了更有价值的
东西。

不愿走出来的舒适区，才是真正禁锢你的监狱

在现实生活中，我们经常可以看见这样一类人：想要让自己瘦成一道闪电，可运动了没两天，就直接叫苦叫累，完全放弃；想要逆天改命，摆脱眼前糟糕的境遇，可书里的内容只是看了两三行，就又刷起了短视频；想要学好画画这门艺术，可拿起画笔没几天就嫌它枯燥，于是果断放弃……

其实，这些人之所以无法坚持下去，主要是不愿意脱离自己原来的舒适区。对于他们而言，不管是运动、看书，还是画画，其大脑和身体都不能获得及时的快乐，而且这样的活动稍微持续久一点，他们还会感到疲惫、枯燥、乏味，根本没有坚持下去的动力。另外，尝试新鲜的事物，需要他们花费很多的精力和时间，最后还不一定能成功，这也在一定程度上会打击他们的自信心，所以他们总是喜欢享受现在安稳舒服的状态，而拒绝接受新的事物。

德国心理治疗师伯特·海灵格曾用专业的眼光解读人们逃避新鲜事物的原因：受苦比解决问题来得容易，承受不幸比享受幸福来得简单。这极符合人类不愿动脑的天性。因为人们解决问题需要动脑，享受幸福也需要动脑去平衡各种微妙的关系，而承受痛苦则只需陷在那里不动。虽然被动

地承受痛苦也会耗费很多能量，但在基因的影响下，人就是不喜欢主动耗能。所以停留在原地是人的本能，我们宁可忍受当下也不愿意去改变。

拒绝接受新事物，不愿走出舒适区的人虽然能享受得到一定的舒适与安宁，但是时间久了也会生发出很多的迷茫和无措，根本无法适应未来的新世界。

在《肖申克的救赎》这部电影里，有一个任职图书管理员长达50年的犯人，名叫老布。老布在这座监狱里已经待了大半辈子，当他有一天刑满释放时，竟然对监狱产生了无尽的留恋。因为在他看来，监狱才是最舒服的地方。

为了不离开这里，他甚至拿刀绑架了监狱里的一名犯人，后来经过主人公安迪的劝说，他才中断了自己的犯错行为。第二天，他放飞了心爱的乌鸦，拖着蹒跚的步伐离开了这里。出狱后，他虽然获得了社区安排的一份在杂货店装袋的工作，可早已习惯待在监狱舒适区安稳度日的他已然跟社会脱节了，他根本无法适应外面的新世界。在他的内心里，他还是渴望回到肖申克监狱，可他的岁数实在是太大了。最后，迷茫无措的他，穿戴好西装，在给安迪等人留下一封信后选择了上吊自杀。

一个拒绝接受新事物的人，虽然享受了眼前的安逸，可永远无法拥抱美好的未来。当他离开眼前的舒适区之后，他甚至会丧失独立生存的能力，从而不可避免地走向死亡。

我听过这样一个小故事：一群天鹅要从北方飞往南方过冬，在飞的过程当中，它们看到一个非常漂亮的岛屿，于是决定停下来歇歇脚。在这座岛上生活着一对孤独而善良的老人，他们平时以捕鱼为生，闲暇之余还会在岛上养养鸡，喂喂鸭，日子过得非常惬意。

这一天，他们看到这群长途跋涉的天鹅非常辛苦，顿时生了怜悯之心，于是赶紧拿出鸡饲料和小鱼喂给天鹅吃。看着这些不劳而获的美味食物，这群天鹅竟然打消了南飞的念想，从此以后和这对老夫妇住在了一起。之后的日子，它们过得非常舒适安逸。在天气暖和的时候，它们到湖中找找食物，悠闲自在地散步，晒晒太阳，享受着美好的时刻；当天气转寒的时候，则心安理得地享受着老夫妇俩的爱心投喂。时间过了很久，老夫妇俩终于没有多余的体力独自留在岛上生活了，于是搬离了这里。就在他们搬离后的那个冬天，这群天鹅因为湖面封冻被活活饿死了。

孟子曰："生于忧患，死于安乐。"一个人若是长久地躺在舒适区，不思进取，得过且过，那么灾祸必定会找上门。作为一个理智的人，我们不应该被享乐主义冲昏头，而应该努力克服自己的软弱、惰性、自私、拖延问题等，跳出已有的舒适区，去迎接新的挑战。

当你有一天鼓起勇气脱离了原有的安逸，更换了自己的圈子和环境，你或许会发现外面的世界其实也很精彩。在这里，你可以开阔自己的眼界，放大自己的格局，跟着一群更加优秀的人奋发向上，朝着更加美好的未来前行。这种感觉真的非常好，而且会让人过得更充实，有意义。

不过，需要提醒大家的是，走出舒适区并不是一件容易的事，在此期间，我们会经历痛苦和挣扎，不过这不重要，重要的是我们要学会脚踏实地，一步步地朝前走。刚开始的时候，我们不要幻想着一蹴而就，更不要急于求成，而是要积极适应新的环境，鼓励自己一步步去尝试探索，努力消除那种不适感，时间久了，我们就会遇到一个更好的自己。

刻板印象：用单一的标准批判世界

苏联社会心理学家包达列夫曾经做过这样一个有趣的实验：

他将一个眼睛深邃、下巴外翘的男人照片分别发放给两组受试人员，然后对 A 组的人说："这是一个罪犯。"对 B 组的人说："这是一位著名的学者。"交代完男子的身份信息后，他请这两组人员分别对这个男人的外貌做一个评价。

结果，A 组人员给出的评价大多都是负面的，比如"深凹的眼睛一看就透露着狡诈和凶狠""从外翘的下巴可以看出这个人应该顽固不化"。B 组人员则给出完全相反的评价："他的眼睛这么深邃，炯炯有神，整个人看起来很有深度，而且下巴也翘翘的，反映了他对真理有顽强的探索精神。"

为什么同样一个人，人们给出的外貌评价竟然如此不同呢？理由就是大家受他职业信息的影响而形成了刻板的印象。在人们看来，罪犯就意味着狡猾和凶狠，学者就意味着思想深刻、殚精竭虑、上下求索。当人们对某种身份的人标签化之后，他们的刻板印象便形成了。

一般来说，当人们用刻板单一的标准评价某一个人时，歧视和偏见便产生了。例如，当一个年纪轻轻的男人创业成功，取得不俗的成绩时，大家首先想到的不是这个年轻人的刻苦和努力，更不是眼界和学识，而是他的后台究竟有多高。

用阴谋论的想法看待某一个进步的人，其实就是典型的弱者思维。从心理学的角度来说，产生这种思维和想法的主要原因是出于习惯性的补偿心理。当不好的事情发生在自己身上时，永远对外找原因，而不审视自己；当好的事情发生在别人身上时，就将成功的原因归结于他人的运气或者背景后台，而忽略这个人自身的能力和优势。

当一个人习惯性地用这种刻板的印象审视他人时，他其实已经离客观事实越来越远，而他也因为受这种弱者思维的影响而失去奋斗的动力，时间久了，就沦落为一个妥妥的失败者。

我之前在网上看过这样一个故事：一次同学聚会，小 A 和同学们聊起了毕业很多年未见面的小 B。听人说，小 B 现在已经是当地一个小有名气的歌唱家了，在她们那里很受人欢迎，其身家也跟着水涨船高。

突然小 A 开口问道："那她父母是做什么的呢？"这时有人答道："她父母是开工厂的。"小 A 一听，马上不怀好意地笑道："你看，我就说嘛，没点资本扶持，她怎么可能出名呢？"一旁有人解释道："其实她父母也只是一个小工厂的老板，听人说厂子的规模不大，收入也一般，要想捧她，能力还远远达不到。而且小 B 本身自己也很刻苦，那会儿为了学唱歌下了不少功夫呢！每天为了练声，五点就起床了。"

小 A 听后，不屑地说道："这有啥，全国会唱歌的人多了去了，怎么就轮到她红了呢？肯定人家父母有人脉，背后有人捧！"

众人听完小 A 的话，都默不作声了。不过，自此之后，很少有人愿意再和小 A 联系，因为大家都觉得她的逻辑和思维太让人讨厌了，而且一个惯用刻板印象看待人的人一定也不会有什么出息的。

后来，事实证明，大家的想法是对的，小 A 毕业多年，一直在一个公司做最基层的工作。虽然工作年限长，但是毫无长进，公司新来的同事都升职加薪了，而她却不从自身找原因，一味怨恨领导偏心。

有一句话叫"如果你看世界都不对眼，不是世界错了，而有可能是你看问题的方式方法出了问题"。我们要想改变这种刻板印象，就要有意识地培养自己的成长型思维。卡罗尔·德韦克在《终身成长》一书中这样写道："拥有成长型思维模式的人，他们相信自己的能力是可以发展的，对于挑战从不畏惧甚至是热爱。他们相信自己的努力，即便是遇到挫折，仍能够通过自己的能力重新再来。"当然，我们每个人只有实现了自我成长，才能跳出狭隘的自我世界，以一种更为客观理智的姿态审视他人。

作为一个有思维格局的人，我们不应该一味地以批判的眼光看待他人，更不应该像鸵鸟一样，逃避自身的问题，而是应该一次次敦促自己积极向上，努力成长，从而拥有更广泛的发展空间。

用安稳的躺姿，做最美的"梦"

在我们的生活中总有这样一类人，他们老是喜欢用最安稳的躺姿，做着最美的"梦"。换句话说就是，他们不喜欢付出，还总是幻想着天上掉馅饼的好事。这种空手套白狼的想法，就是最典型的弱者思维。

歌德曾经说过："采取一个改变命运的实际行动，比一千个苦恼一万个牢骚都顶用。"现实生活中，如果你只擅长幻想，把希望寄托在躺赢这件事上，那么大概率是没有成功的可能性的。

电影《斗士》里有一句台词是这样说的："知道路要怎么走，和走上这条路，是有区别的。"无能的人总喜欢做思想的巨人，行动的矮子，然后在碌碌无为中蹉跎自己的一生。

冬天快要来了，忙碌的喜鹊一早就飞出去为筑巢做着各种准备。寒号鸟看着喜鹊忙碌的身影，不禁拍了拍翅膀，然后懒洋洋地说道："傻喜鹊，外面太阳晒得正好，你何不在这暖洋洋的天气里睡一个懒觉，那多惬意呀！你总这样忙着有啥意思呢？"

喜鹊听后，笑着说道："寒号鸟，快别睡了，趁着天气好，赶紧起来筑巢了！"

很快，冬天到了，外面的冷风刮得呼呼作响。此时喜鹊早已栖息在搭建好的鸟窝里温暖过冬，而寒号鸟则站在枝头冻得瑟瑟发抖。寒风袭来，它不禁打了一个冷战，然后心里暗暗发誓：等天气好了，我一定筑巢，要不然非得冻死我不可。

可到了第二天，当寒号鸟发现外面又被太阳晒得暖烘烘的时候，它的惰性又发作了。喜鹊跑过来劝它赶紧筑巢，可寒号鸟依旧懒洋洋地说："天气这么暖和，不睡一觉太可惜了，筑巢等以后再说吧。"

就这样，寒号鸟在得过且过中迎来了寒冬腊月的飞雪。此时，外面大风呼啸，大雪漫天飞舞，寒号鸟冻得直打哆嗦，它心里再一次暗暗发誓：明天一定要筑巢，要不冻死我了。

第二天一大早，太阳出来了，喜鹊跑过来召唤寒号鸟，可它叫了好几次，也听不到回应。原来，寒号鸟早已在昨晚冻死了。

故事中的寒号鸟因为懒得筑巢而冻死在冬天里，那么现实中的我们呢？有太多人因为不肯行动，只做白日梦，而被时代的滚滚洪流所淘汰。

高尔基说："在生活中，没有任何东西比人的行动更重要，更珍奇了。"其实，在日常生活中，只要我们肯迈出第一步，就已经成功了一大半了。往后余生，愿我们每一个人都能戒骄戒躁，放弃一些不合实际的幻想，脚踏实地地做好每一件事，这样我们才能轻松抵达理想的彼岸。

干货心态：只在乎其然，不在乎其所以然

在如今这个快节奏的时代里，很多人处理问题只浮于表面，根本不想探讨内里究竟是怎么回事。比如，报名参加一个写作培训的课程，大家在听到写作基础理论的时候，感觉烦躁不安，只想快快略过，而一门心思只想知道写出旷世之作的技能技巧，而且要是有套用的具体模板那就再好不过了。

这种只在乎其然，不在乎其所以然的心态，便是典型的"干货心态"。

培根曾说："过于求速是做事上最大的危险之一。"当我们拥有这种急于求成的"干货心态"时，其实早已忽略了问题的根源所在，此时的我们虽然获得了快速解决问题的良方，但是当以后再面临类似的问题时，依旧不知所措。

我曾经看过这样一个有意思的哲理小故事：

古代有个小商贩想赶在城门关闭之前出城，为了实现自己预期的目标，他特意向路人打听应该怎么做。这时，有个路人告诉他："如果你想在城门关闭之前到达，那你就慢慢地走；如果你不想及时赶到，那你就快快地走。"

路人的回答让小商贩一脸疑惑，他还以为刚刚路人是因为不小心失误说了反话。于是，他赶紧加快了脚步，匆匆往前跑。结果，他跑得越快，担子里挑的橘子就掉得越多。最后，他小跑了一路，捡了一路的橘子。仓皇失措之间，他果然没能在城门关闭之前到达。

上面这个故事告诉我们：做事情急于求成，反而不成。正所谓"欲速则不达"，当你把水龙头开得越大，水流得越快，你就越不容易接满水。因此，在以后的生活中，我们一定要摒弃这种"干货心态"，在追梦的路上，不要急躁，更不要企图一日千里，你越想一蹴而就，失败的概率反而越大。相反，只有我们放慢脚步，研究透其中的内在规律和基本原理，才能获得解决问题的基本能力。

爱迪生在小的时候总喜欢问为什么。一个问题，他要是不刨根问底，总觉得心里不踏实。

有一次数学课上，老师教大家"2+2=4"，而好奇心爆棚的爱迪生又问老师："为什么 2+2=4 呢？"爱迪生这种打破砂锅问到底的倔劲惹得老师十分不悦，同学们也经常因为他的白痴问题而不断嘲笑他。

后来，老师把爱迪生的妈妈叫到了学校，然后满腔愤怒地数落着爱迪生的不是："这孩子太笨了，学习成绩上不去，还总喜欢问一些没头没脑的问题，这严重影响了我们的教学秩序，这孩子我真的不会教了。"

然而爱迪生的妈妈却认为：孩子有求知欲、有探索欲是一件很好的事情，老师这样打击他探索的积极性才有问题。于是她毅然决然地给儿子退了学，并且自己担任起了儿子的授课老师。

后来的爱迪生还是会问一些稀奇古怪的问题，但是他的妈妈每次都认真积极地回答他的问题。有时候碰到她也不会的问题，她还会鼓励儿子自己去寻找答案。在教学的过程中，她发现儿子对化学和物理特别感兴趣，于是特意改造了阁楼，为孩子提供了小小的实验场地。

爱迪生在母亲的正确引导下很好地完成了"知其然，更知其所以然"的学习任务。当然，正是因为他对问题有了深度的探索，所以才在后来有了一系列伟大的发明，从而为人类的发展做出了巨大的贡献。

浅尝辄止、浮于表面的学习不算真正的学习。一个有思想有智慧的人，不会被名利所裹挟，失去独立思考的能力。相反的，他会追根究底，透过现象追求事物的本质，从而为以后彻底解决问题打下牢固的知识基础。

失败恐惧症：输不起的人往往赢不了

众所周知，项羽是秦末时期"力拔山兮气盖世"的英雄人物，但就是这样一位千古无二的风云人物，最后还是没能逃脱自刎乌江的悲惨命运，如今想来还另人惋惜。

想当初，他可是巨鹿之战中消灭秦军的主力；他怀揣理想，意气风发，推翻秦朝，建立西楚政权，这是何等的荣耀，何等的不可一世。然而，在后期的楚汉之争中，就因为兵败他便失去了活下去的勇气。

有句话说得好："想赢，是成功者的特质；而输不起，则是失败者的通病。"项羽用他的亲身经历告诉我们一个道理：输不起的人往往赢不了。

其实，人生在世，本来就是一场马拉松，我们每个人都在不同的赛道奔跑。有一天，当我们深陷低谷，被他人赶超时，大可不必垂头丧气，妄自菲薄，要知道现在的输不代表将来不会赢，现在的赢也不代表可以一劳永逸。我们只有看淡这一点，才能按照自己的节奏一步一步踏实地走下去。

1935年，钱学森在赴美留学期间，陷入深深的自责和痛苦之中。原来，刚刚来到异国他乡，钱学森对新的环境一点都不适应，英语也听不明白，生活习惯更是天差地别，文化的差异也让他陷入深深的焦虑。来时的他抱着学成必回国报效国家的强烈愿望，如今什么事情都不顺利，将来能不能顺利毕业都是一个未知数，想到这里，他的内心涌现出一种难过与自责的情绪。

后来有一天，忧心忡忡的他无意间认识了一个特别的人，通过了解这个人，一下子打消了他诸多的负面情绪。

那天，一位胡子拉碴的外卖大哥正在对着一堆汽车品牌侃侃而谈，关于各个品牌的汽车性能他都了如指掌，并且还发表了一系列独特的看法。众人对此很是不解：一个送外卖的人怎么会如此了解汽车方面的知识？

这位外卖大哥看出了众人心里的疑惑，于是主动告诉大家："我原来是一家汽车公司的总经理，后来由于公司破产，为了养家糊口不得不干起了外卖的工作。"围观的人听后都替他感到惋惜，然而这位外卖大哥却看得很开，他微笑着说道："人生在世，哪有不遇到困难的呀！遇到了我们也要输得起。如今的我虽然不是汽车公司的高管，但依靠自己的能力，依旧能撑起一个家，这何尝不是一种成功呢？而且对于未来我有十足的自信，因为我相信自己一定还会成功的！"

外卖大哥的话深深地激励了钱学森，从那以后，他放下心里的负担，重整旗鼓，刻苦钻研。凭借着坚韧不拔的精神，他先后获得航空工程硕士学位和航空、数学博士学位，从而也为推动祖国航天事业的发展奠定了良好的知识基础。

我曾经看到过这样一句很酷的话："人生那么长，输了又何妨？"的确，我们只有练就一种输得起的积极心态，才能在未来的道路上不骄不躁，不气不馁，坦然前行。

明朝中期，王阳明因为劝谏皇帝而遭遇了政敌的陷害。在此期间，他承受了廷杖酷刑，也遭遇了牢狱之灾，之后还被贬谪到偏区的贵州龙场。而且更糟糕的是，在被贬的路上，他还遭遇了政敌的刺杀，险些丧命。多重苦难使他的肺病愈发严重。

到了任职的地方之后，王阳明面临着更加严酷的考验：一是空气中遍布致命的瘴气；二是当地的居民未曾开化，性情暴戾，很难相处和管理；三是由于环境的变化，他的部下接连病倒。这个时候，王阳明陷入深深的绝望。

不过，他并没有被眼前的困难所打倒，反而认真研读起带过来的书籍，继续钻研着他以前想不明白的问题。后来，终于在一个风雨交加的夜晚，他悟到了人生的真理："心即理"。他的这一心学思想对中国近代社会的发展产生了巨大的影响，他也因此成了我国举足轻重的哲学家。

输，不丢人；怕，才丢人。这位古哲先贤正是因为有了不怕输、不怕败的积极心态，所以才对苦难的命运绝地反击。当然，也正是因为他有输得起的乐观态度，所以才能坚守本心，重燃斗志，在艰难困苦的恶劣环境中探索出熠熠生辉的真理。

"人须在事上磨，方立得住；方能静亦定，动亦定。"最后，我想把王阳明身心修行的这句至理名言送给每一个身处困境的读者，愿每一个人都能从这句话当中汲取到力量，在荆棘丛生中能泰然处之，完成人生的绝地反击。

鸵鸟心态：夸大障碍，花式逃避

一天，送信使者鸽子给鸵鸟和雄鹰两大家族带来一个不好的消息：有一群不怀好意的敌人，扬言要过来与鸵鸟和雄鹰打一架。桀骜不驯的雄鹰家族听到这个消息后，个个不服气地表示，一定要让对方见识一下自己的厉害；而鸵鸟家族看见雄鹰家族不甘示弱，也表示它们在决战的时候绝对不会认怂。

很快，三方挑战的日子就到来了。伴随着一阵嘈杂的声音，一群黑压压的家伙从天而降，扑面而来。雄鹰家族看到敌人来袭，各个争先恐后，英勇出击。而鸵鸟家族呢？它们看到敌人来势凶猛，吓得早就把头埋进沙子里了。

过了一会儿，敌人被雄鹰家族打得落荒而逃，而此时的鸵鸟们还把头埋在沙子里，不敢出来。凯旋的雄鹰看到懦弱的鸵鸟，不禁讽刺道："敌人都被我们赶跑了，你们还不敢抬起头来吗？"

鸵鸟们听后，不仅不觉得羞愧，反而说："这些敌人实在是太厉害了，幸亏我们提前躲起来了，否则会遭殃的。"

后来，鸵鸟家族又一次遭到外来敌人的袭击，这次它们还像上次那样把头埋进沙子里，躲避了起来。可不幸的是，这次没有雄鹰的助攻，鸵鸟们很快就沦为敌人的腹中餐。

后来，心理学家把这则寓言故事中产生的现象称为"鸵鸟效应"，而鸵鸟这种夸大困难、逃避现实，不敢面对问题的心态也被人们称为"鸵鸟心态"。

《花样年华》里面有一句话说："一个人受了挫折，或多或少都会找个借口来掩饰自己。"但是像鸵鸟一样，一味惧怕困难，一遇挫折就埋头躲避的人，永远也一事无成，之后等待他们的将是生活无尽的刁难和任人宰割的悲惨命运。

有一句话叫："不为困难找借口，要为成功找方向。"一个真正厉害的人，不是不会遇到困难，而是遇到困难后能够摆脱这种弱者思维，敢于向困难挑战。

1982年12月4日，在澳大利亚的墨尔本，一户普通人家生出了一个天生没有四肢的残疾婴孩尼克·胡哲。这个孩子只有躯干和头，以及一个长着两根脚趾的小脚，这种罕见的现象被医生认定为"海豹肢症"。这也预示着这个四肢不健全的孩子注定将来会命运坎坷，生活悲苦。

因为没有手，所以他无法拿取东西；因为没有脚，所以他也没法下地走路。同学们看见这个身形怪异的孩子，纷纷嘲笑戏弄他。饱受身心折磨的他尝试了好几次自杀，但都被救了回来。

后来，有一天，他从报纸上看到一个残疾人打高尔夫球的励志故事，深受鼓励。从此，他决定改变自我，向苦难的命运宣战。刚开始的时候，一切对他来说都是不小的挑战。别人刷个牙轻轻松松就可以搞定，而他则需要把牙刷夹在脖子和肩膀之间，来回移动嘴巴才可以实现。如此高难度的动作，一遍下来便累得他满头大汗，但是这个倔强的男孩没有放弃。后来，他又在父母的帮助下，套上一个塑料模型，用唯一的那只脚夹住笔，学习写字和绘画。

当然，他的"野心"还不止这些。后来，他还学会了游泳、打高尔夫球、冲浪、踢足球等。凭借着自强不息、勇敢坚韧的精神，这个男孩做到了绝大多数普通人无法做到的事。

19岁那年，他在被拒绝52次之后，获得了一个5分钟的演讲机会和50美元的薪水，从此开启了自己的演讲生涯。在舞台上，他用残缺的身体、自信的笑容，以及幽默风趣、乐观坚强的态度感染了很多人。大家都非常喜欢他，并且由衷地给他献上鲜花、掌声和拥抱。2008年，尼克凭借着冲浪板上360°旋转的高难度动作，登上了美国权威水上运动杂志《冲浪》的封面。如今，他已经遍访34个国家，演讲1500余场，还获得了金融计划和房地产的学位。他还出版了一本自传《没有限制的人生》。他逆袭翻盘的人生鼓舞了全世界无数身处困境的人，重新拾起了对生活的希望，大家听完他的故事之后也大受鼓舞。

读完这个故事，你会发现，在我们生活中遇到的那些鸡零狗碎的烦恼和困难与尼克·胡哲相比，几乎不值一提。如果他都能在如此糟糕的人生剧本里写出一个光辉灿烂的结局，我们这些正常人凭什么不可以呢？

拿破仑·希尔曾说过："在你的一生中，你一直养成一种习惯，逃避责任，无法做出决定。结果到了今天，即使你想做什么，也无法办得到了。"如果我们没有直面困难的勇气，那么注定会庸庸碌碌地过完自己的一生。

所以，行动起来吧，你不逼自己一把就不知道自己有多优秀。美国ABB 的原董事长巴尼维克曾说："一个企业的成功，5% 在战略，95% 在执行。"其实，一个人的成功何尝不是如此呢！当你有一天真正行动起来的时候，你会发现所谓的困难只不过是一只只"纸老虎"。

半途效应：渴望“即时满足感”

现如今，我们经常在网络平台上看到这样的营销广告："一条短视频到账 10 万：这个普通人轻松挣钱的真相，别再被忽略了。""疫情期间被封了 50 天，我依靠写文章一天赚了 2000 元。""×× 明星自曝减肥秘诀，一个星期瘦 15 斤，再也不用节食了！"

仔细研究这些文章的标题，你会发现它们都有一个共同的特点：使用某个产品或者服务，在短时间内就能让你轻轻松松获得超级大的收益。那么，这样的广告文案有人相信吗？回答是肯定的，而且为此埋单的人大有人在。为什么会出现这样的现象呢？因为这些广告抓住了人们即时满足的心理。

在我们的生活中，常常可以看到这样一类人：每次做事情，只想付出一点点努力，就渴望立刻获得很大的回报。换句话说，就是大家都渴望得到"即时满足感"。倘若完成某件事的时间跨度稍微有点大，很多人都坚持不下去。比如，跑马拉松，跑一半就累得想放弃；攀登一座高山，走到半山腰就想打退堂鼓。这都是由半途效应引起的。

实际上，做任何事情都需要一定的过程。倘若我们一味地沉浸在即时满足的感觉里，不能直接跨越到结果，就很难追求到更高价值的东西；我们也会因此而变得碌碌无为，很难走向成功的彼岸。

在 1966 年到 1970 年代早期，斯坦福大学的 Walter Mischel 博士就曾在幼儿园进行了一个经典的棉花糖实验。在这场心理学实验中，实验人员找来 50 名儿童，将他们带到一个空房间里，并给每个孩子发放一个棉花糖。发完糖之后，实验人员告诉孩子们，自己要去隔壁屋子办点事，离开一会儿。在此期间，如果有孩子想吃这块棉花糖，可以摇响铃铛，通知实验人员，他们就可以把棉花糖吃掉；但是如果孩子能忍住不吃，等实验人员自己回来，那么他们就可以吃到两块棉花糖。

接下来，实验人员来到隔壁，通过一块单向玻璃观察孩子们的反应。结果他们发现，有些孩子选择立即满足自己的口腹之欲，而有些孩子则想各种办法抵制诱惑，等待实验人员的归来。15 分钟后，实验人员重新回到这里，而这些延迟满足的孩子也如愿获得了两块棉花糖。

之后，实验人员还对这些受试的孩子进行长期的追踪观察，结果发现，能够克制住自己的欲望，懂得延迟满足的那些孩子，他们的数学和语文成绩要比即时满足欲望的孩子平均高出 20 分。而且在参加工作后，前者比后者更加具有责任感和自信心。

这个实验告诉我们：不管做什么都不要急于回报，因为播种和收获不在同一个季节。我们要想获得更有价值的成果，那就不要急于求成，而要在漫长的等待和自我控制中才能一步步成就自我。

在我们的日常生活中，有太多的诱惑无法抵挡，比如，一盘鲜香肥美的五花肉，一个舒服温暖的被窝，一堆让人欲罢不能的短视频内容，一局令人心驰神往的游戏等，这些都是阻碍我们变好、变美的诱惑源。倘若我们能够坚定意志，放弃自己的即时满足感，抗住焦虑和孤独，在成长的路上不半途而废，那么假以时日，我们一定会蜕变成一个了不起的高手。

受害者思维：永远在抱怨和委屈中顾影自怜

在我们的日常生活中，有这样一类人：工作上升不了职，埋怨领导不公平；感情上受了点挫折，埋怨对方太自私；生活中受了点委屈，埋怨自己的命太苦。总之，不管哪里不如意，都把责任归咎于他人或者客观环境，而自己则永远充当那个受害者的角色。"唉，我能怎么办？我注定是那个被人欺负的人！""买不起房很正常，谁让我没有有钱的父母？""那个女人嫌贫爱富，咱根本留不住。"诸如此类的话，基本上是这类人的口头禅。因为要塑造一个弱小、凄惨、无助的自我形象，所以这类人说话始终带着控诉性、无奈性、悲苦性。

当一个人深陷于"受害者的思维"模式时，他获得的最大好处就是全天下都欠我的优越感。而且，当有了"受害人"这个身份的加持时，他就可以心安理得地不成长、不进步、不负责。另外，当一个人把自己放在一个无力、无助、被动、只能忍受的角色里时，他还可以收获很多的同情、关注、安慰，甚至是一些无条件的帮助。

一方面，这一类人很容易忽视自己的问题，也看不到自己可以行动的动力，从而不能真正为自己的人生负责。另一方面，当你用受害者的思维去看待生活时，你会发现整个世界都被投射成"加害者"，于是你会在顾影自怜中变得沮丧、消沉、愤懑，负能量爆棚。

所以，从这两个方面来看，受害者的思维正在一步步地透支着你的人生。如果我们要想从这个弱者的思维中解脱出来，那就需要改变以往固有的认知，换个角度看待事情。

塞翁失马的故事大家都应该听说过，当他听说自己的马丢失的时候，他认为这并不是一件坏事，也不觉得自己是一个受害者。后来，他的马果然带回来一匹小马，然而就在众人为他庆贺的时候，他也不以为然，认为这不一定是好事。果然，没过多久，带回来的这匹马一个趔趄就让他儿子摔成了残疾。至此，邻居看着像一出悲剧，但他却认为这未尝不是一种福气。后来，事实证明他的预判是对的。儿子因为摔断了腿，不能去当兵，因而在战乱时期保住了一条性命。

从这个故事中我们可以看到，真正有思维格局的人，他会从多个角度去审视一件事情，从不会主动地把自己代入弱者的角色，这也让自己减少了很多不必要的烦恼。同时，当一个人不被弱者思维这个绊脚石羁绊的时候，他也能重新审视自我，调整自我，从而活得更加精彩。

在电影《阿甘正传》中，主人公阿甘虽然是一个天生智力不健全、脊柱弯曲，且腿脚不利索的形象，但是生性单纯的他从不把自己当成一个命运的弃儿，而是通过自己的努力一次次创造人生的奇迹：腿伤痊愈的他因为跑得快，打了5年的橄榄球，进了全明星球队，甚至还被肯尼迪总统接见；参战之后，因为在越南战场上表现突出，他获得国会的荣誉勋章；在养伤期间，因为乒乓球技术过硬，他还代表美国到中国交流切磋，以小球带动了大球。

费斯汀格法则认为，生活中 10% 的事情是由发生在你身上的事情组成的，而另外的 90% 则是由你对所发生的事情如何反应所决定的。在日常的工作生活中，如果你总把自己当成一个受害者和弱者，那么接下来你就会在抱怨和委屈中顾影自怜，郁郁不得志；但是如果你能够像阿甘那样，从弱者思维中解脱出来，重新认识事情的真相，那么你一定会因为自己的努力而变成一个优秀的人。

第三章
顶级思维，让认知觉醒

利他思维：真正的成功不是打败多少人，而是帮助多少人

在晚清的历史上，有一位人人敬重的商人，名叫胡雪岩。

有一次，一位生意失败的商人找到胡雪岩向他求助。经过一番交谈，胡雪岩了解到那位商人现在急需一笔周转的资金，为此他愿意低价将自己的产业转给胡雪岩。

经过一番调查后，胡雪岩发现情况属实，不过他并没有趁机占这位商人的便宜，而是用正常的市场价格申购了这家产业。

商人见此情况又惊又喜，但他不明白胡雪岩为什么要这样做。胡雪岩笑着告诉商人："你放心，我现在只是代为保管你的抵押财产，等你哪一天生意好转了，还可以把它们赎回去。"商人感动得满含热泪，再三表达了自己的谢意。

对于胡雪岩的这种做法，众人并不理解。后来，胡雪岩给大家讲述了一段他年轻时的事：那个时候，胡雪岩还是店里帮人催债的小伙计。在催债的过程中，有时会碰到阴雨天，他就会把随身携带的雨伞遮挡在陌生人的身上。时间久了，大家都认识了胡雪岩，以后就算他出门忘记带伞，也

总有人会帮他撑伞。

接着，胡雪岩笑着跟众人说："付出是相互的，只有你愿意先付出，然后才能获得他人的回报。刚才那位商人的产业可能是几辈人慢慢积攒下来的，我要是不仁不义，不帮他一把，那他这辈子可能就没有翻身之日。所以我要做的是救人，而不是投资，这样才能对得起自己的良心。活在这个世界上，谁都不容易，能帮点就帮点吧。"

众人听完后都陷入沉思。后来，那位商人翻了身，赎回了自己的产业。不过当时的恩情他仍然铭记于心，之后他成了胡雪岩忠诚的合作伙伴。

胡雪岩也因为自己的善举获得了很多人的尊重，他的生意也做得非常好。无论他做什么事情，都有很多人前来给他捧场。

古语有云："善人者，人亦善之。"人和人的关系永远是双向互动的，你对别人好，别人也会对你好。反之，假如你对别人的苦难无动于衷，袖手旁观，那么日后你也不会得到他人的恩惠。

稻盛和夫曾说："利己则生，利他则久。"所以真正成功的人，不是打败多少人，而是帮助过多少人。

利他思维虽然是一种顶级的智慧，但并不是每个人都会正确使用。一般来说，我们在利用利他思维帮助别人的同时，也一定要考虑对方的感受，假如对方不需要你的恩惠，你也不能强迫对方接受。

此外，我们在帮助别人的时候一定要懂得换位思考。拿破仑·希尔说："懂得换位思考，能真正站在他人的立场看待问题、考虑问题，并能切实帮助他人解决问题，这个世界就是你的。"

从前，有一个孩子在给他父亲递铅笔的时候，不小心把笔芯扎到了父亲的手里。这时，受伤的父亲耐心地教导儿子："我们把东西递给别人的时候，一定要换位思考一下，别人是怎样接这个东西的。思考到这一层，你就会明白尖锐的那一头不能对准别人。"

最后，我想要告诉大家的是，利他思维并不意味着一定要舍弃自己的利益成全别人，而是要在保全自身利益的情况下尽可能地帮助别人，这样才能实现长远的共赢。

奥卡姆思维：最简单的往往最有效

14世纪，英格兰逻辑学家、圣方济各会修士奥卡姆根据本体论简化原则提出这样一个观点："如无必要，勿增实体。"这句话的意思是，没有确实根据的实体都应该被剔除掉，我们应该只承认那些确实存在的东西。用奥卡姆的话说就是，没有任何东西应该没有理由被假定，除非它是不证自明的（通过它自身知道），或者可以通过经验得知，或者通过圣经权威知晓。

后来，人们把这一理论称为"奥卡姆剃刀定律"。这个定律的核心思想就是删繁就简，剔除问题中无用的杂项，砍掉一切烦恼累赘，尽可能地让事情保持简单。奥卡姆这一化繁为简的思维模式返璞归真，充满智慧，为中世纪晚期之后的自然科学发展起到了巨大的推动作用。

如今是一个互联网迅速发展的时代，人们每天被各种碎片化的信息包裹着，很难将其串联起来，组合成有效的知识。同时，当人们接收了无数庞杂的信息之后，就自以为掌握了很多知识，于是很容易把问题复杂化。

比如，蔡元培有一次给北大的研究生上课，在课上他抛出这样一个问题："2+2=？"结果就是这样一个简单的问题，竟然没有一个人敢站出来回答。再比如，关于金字塔的由来，有人猜测是外星人所为，有人则觉得是人类史前文明的杰作，还有人觉得是百万奴隶血汗的结晶。当我们把主要的精力集中在这些不能论证的小问题上时，我们就容易被它所累，从而不能做更有意义的事儿。所以，基于这些原因，奥卡姆认为哪种解释理论最为简单明了和直接，中间的间接证明过程越少，哪种假说就更有说服力。

这给了我们一个很重要的启发：真正的智者都是致力于发现简单的真理，并将复杂的事情简单化。

2014 年，著名作家、美学大师蒋勋老师搬离了台北这座热闹的城市，来到了台东的一个农村。在这个安静闲适的小环境里，他去除了一切电子设备的干扰，避开无用社交的烦恼，置身山水田园之间，寻找生活的美感，感受自然的奇妙。之后，他用两年多的时间创作了一本集文字、音频、绘画和摄影为一体的作品《池上日记》。这本书用温柔的文字还原了理想生活的全貌，在这里我们可以听到千百种自然间的天籁，看到土地、岁月、四季、春耕、秋收，以及苦楝与茄苳不同时间的开花与结果，也能感受到自然与土地带来的真挚感动。这部作品被人们称为"行走的美学"。

作家林清玄说："清欢是生命的减法，在我们舍弃了世俗的追逐和欲望的捆绑，回到最单纯的欢喜，是生命里最有滋味的情境。"从现在起，给我们的生命做一个减法吧，去除工作、家庭、金钱、房价、养老等问题给我们带来的焦虑，勇敢地直面自己的内心，抓住我们最想要的东西，剔除掉其他次要的问题，你会发现这时的我们更容易看见生活的美好。

窄门思维：走好你选择的路，不要选择好走的路

以前我看过这样一幅寓意深远的漫画：

画中每个人都背负着一个沉重的十字架，艰难而缓慢地往前走。走着走着，有一个人觉得十字架实在是太沉了，于是停下来拿刀把十字架砍掉了一块。被砍之后的十字架明显变轻了，于是他加快脚步继续往前赶路。

可是走着走着，他觉得肩上的十字架又变得沉重无比。这时，他双手合十，祈求上帝："再让我砍一次吧，这个东西实在是太沉了。"之后，他又拿出刀，在十字架上砍了一截。经过两次砍伐，十字架已经变得非常轻盈了。于是，他哼着小歌，迈着轻快的步伐，走在了队伍的前面。

然而，还没等他高兴多久，一道又深又宽的沟壑突然出现在他的眼前，拦住了他的去路。他慌忙地四下望去，这里既没有桥，也没有别的路可以走，无奈的他只能停留在原地。

过了一小会儿，其他赶路的人也都陆续来到这里，他们用自己身上的十字架搭在沟壑上面，然后踩着十字架从容不迫地越过这道障碍。他也想如法炮制，可因为前面两次的砍伐，他的十字架已经明显地短了一大截，所以根本无法架在这条又深又宽的沟壑上。望着其他人远去的背影，这个

人的内心充满了悔恨。

这幅漫画告诉我们，每个人的成长都是一个负重前行的过程。在此过程中，有两种截然不同的路径可供你选择：第一，先走宽门，后走窄门，即像漫画中的那个人一样，砍掉身上的负担，先贪图享乐一番，然后在越来越窄的道路上挣扎徘徊；第二，先走窄门，后走宽门，意思是，刚开始先选择很难做的事情，在"窄门"里负重前行，然后披荆斩棘，跨过重重障碍，最后迎来海阔天空的美好结局。

如果人生有这两条路摆在你的眼前，你会做什么样的选择呢？小说家路内说过一句话："每个人的生命里，都有几口吃不下的隔夜冷饭，必须得咽下去，而不是放在眼前发呆。"诚然如此，人生是一个升级打怪的过程。在此期间，你一定会碰到一些不好走的上坡路，但是一定要咬牙坚持下去，等过了这段费劲、难熬的路段，以后你就会看到更多的风景和光亮；反之，假如你一开始就选择用最舒服的姿态，吃喝玩乐，贪图安逸，那么未来的路就会越走越难，在昙花一现的美好过后，苦难将会加倍奉还。

有一句话叫：走好选择的路，别选好走的路，你才能拥有真正的自己。一个心里装着大格局的人一定会选择先走窄门，因为他们知道这个世界上没有什么捷径可言，刚开始很容易走的往往都是下坡路。我们只有先经历苦和难，后面才能尝到喜和甜。

绿灯思维：应对人生逆境的"思维利器"

作家成甲在《好好学习》一书中提出过两个概念：红灯思维和绿灯思维。红灯思维就是指，不管别人给你提什么样的建议，你的第一反应都是充满质疑，即以一种"红灯"的心态认为对方在挑你的刺。比如，当有人跟你说："你这个小说写得有点问题，尤其是这段对话不符合人物形象。"你内心的第一反应是："你年纪轻轻的，知道什么！""根本不了解情况，你就在这里随便指手画脚。"总之，拥有红灯思维的人，他的内心第一反应不是反思自己的问题，而是为了维护自己的面子，一味维护自己观点和方案的"正确性"。至于他人的意见是否合理，这都不在他的考虑范围之内。

绿灯思维则完全与之相反，它以一种开放包容的态度接受别人给予的反馈。换句话说，就是当你遇到一个新的观点，或者别人给予新的反馈意见时，你的第一反应是"这个建议有参考的价值，我应该反思一下自己，怎么做才会变得更好"。

举个例子：有一次，作战部长爱德华·史丹顿怒骂总统林肯是一个大笨蛋。林肯得知这一消息后，不但没有恼羞成怒，反而很平静地跟身边的人说道："爱德华·史丹顿是一个说话严谨、很少出差错的人，他这样骂我，说明我的行为肯定存在缺失。我得赶紧亲自过去看看。"后来，林肯才得知自己在签发一道命令时出现了一些错误，于是他立马召见了爱德华·史丹顿，并且还迅速收回了之前的错误指令。

拥有绿灯思维的人更有大格局。这类人不仅仅局限于"自己的观点"之内，而是更愿意打开心扉接受外界的"反馈"。当问题出现时，他们更愿意正面解读，并积极采取行动，纠正自身的不足。另外，他们关注的重点不是私人的恩怨，而是能不能把问题解决掉。这一类人在遇到问题和困难时，脑袋里想的是如何推进事情，实现自我完善，而不是为了自己的面子随意发泄自己的负面情绪。

当然，正因为如此，乔布斯才会说："我特别喜欢和聪明人在一起工作，因为不用考虑他们的尊严。"聪明的人不是没有尊严，而是他们始终开启绿灯思维，以一种开放的心态接受不一样的声音，然后努力学习，兼收并蓄，把每一次反馈都当成自己成长的机会。

有人说："拥有绿灯思维的人，至少能收获 80% 的认知升级。"对此，我深以为然。我们一旦拥有这种成长型思维，在未来的道路上就会进步得非常快。那么在日常生活中，我们应该如何有意识地培养这种思维呢？主要有以下两种方法。

第一，有意识地跳出自己的固有认知。

固有认知模式是阻碍我们成长的绊脚石。我们要想走出这个思想和认知的囚笼，那就得多读书，多接触外面新鲜的事物，以此走出我们原有的认知闭环。当有一天，你的知识储备足够多，眼界足够宽广的时候，你就能自己推倒周围的高墙，以一种更加开放包容的心态接受别人的反馈。

第二，时刻提醒自己"我"和"我的行为"是有区别的。

当我们在给别人提意见的时候，通常会加上一句"对事不对人"。但当你真正把建议和质疑丢给别人的时候，其实很多人都容易把"我的观点需要改进和提升"等同于"我不好"。所以，平时在与人沟通的时候，我们一定要谨记这一点，只有我们能够清晰地把这两个概念区分开来，才能坦然地接受他人的建议。

人与人之间的差距，其实就是思维认知的差距。所以，当我们有一天能够建立正确的思维方式，开启绿灯思维，摆脱低层次的认知闭环时，我们的人生就有可能产生质的飞跃。

批判性思维：大胆质疑，谨慎断言

一天，有一个名叫迂公的人去朋友家吃饭，吃着吃着，大家一起聊起了马的肝脏。这时，有人说马的肝脏有毒，还能毒死人。为了佐证自己的观点，这个人还引用了汉武帝的一句话："文成将军就是吃马肝而死的。"

那迂公听后笑着反驳道："你这话说得没有道理，如果马的肝真的有毒，那马为什么活得好好的？"那人见迂公有些不信，便开玩笑地说道："如果它们的肝脏没有毒，那为什么活不到100岁？"

迂公听了竟然信以为真："哎呀，你说的有道理呀！我怎么没想到呢？"这时，迂公又想起了自己家养的马，这可是他从小养到大的，一想到心爱的马会死于毒肝脏，他的心里就很不是滋味，着急忙慌地回了家，去救他心爱的马去了。

到家之后，迂公磨刀霍霍就要救自己的马。家人见状，忙问怎么回事，得知原因后告诉他："马很好，没病没伤，不需要救治。"但迂公根本不听，他磨好刀后立马来到马厩，提刀就要给马取肝脏。意识到危险的马发出嘶鸣声以示哀求，但迂公救马心切，根本顾不得这些，他安慰马：

"我这都是为你好啊，虽然说取毒肝脏的时候会有些疼，但总比它要了你的性命要强。"说罢，他就举着锋利的刀一下刺进了马的身体。最后，迂公如愿取了马的肝脏，但是马也永远地闭上了眼睛。

这时的迂公仍然没有意识到自己的错误，依旧哭着说道："原来，马的肝脏真的有毒啊，我现在挖掉它还是晚了一步。要是留在马的身体里，也许它会死得更快。"

从上面的这个故事里我们可以看到，马的死完全归咎于迂公的愚蠢和固执。他偏听偏信，没有一点自己的判断，对于别人抛出的观点没有质疑和判断，然后就贸然行事，以至于最后犯下不可弥补的错误。在现实生活中，虽然很少有像迂公那样傻的人，但和他犯一样错误的人却不在少数。很多人在面对一些错误的言论时，不会理性考察，也不会分析比较，更不会批判性地看待问题。这种缺乏批判性思维的人很容易受情感、贪欲、偏见等的干扰，从而做出错误的行为和举动。

所以，我们要想杜绝这样的情况，做出理智的回应，那就需要让自己拥有批判性思维。所谓的批判性思维，就是指对他人或自己的观点、做法或思维过程进行评价、质疑、矫正，并通过分析、比较、综合，进而达到对事物本质更为准确和全面认识的一种思维活动。

一般我们用批判性思维考虑问题的时候，首先要大胆质疑，合理提问，比如，这个观点是谁提出来的？他说的这些东西是事实还是观点？说的时候是在公共场合说的还是在私密的环境里说的？另外，这些话是事前说的还是事后说的？他说这些话的目的是什么，有没有依据？最后他说这些话的表情、神态以及语气又是什么样的？提出这些合理的质疑是批判性思维的基础，其次我们就要逐一核实事实的准确性和逻辑的一致性。假如某个人提的观点符合事实，也符合逻辑，那么他说的话就有一定的可信度。另外，我们在做思考判断的时候也要关注当时特殊的背景以及具体的情况，千万不要断章取义，误解别人的观点。最后，我们还要谨慎断言，在做综合判断之前问一下自己：我说的话一定是对的吗？这件事情还有没有其他的可能性？有的话，意外发生的概率有多大？等等。

19岁的华罗庚在上海的《科学》杂志上发表了一篇名为《苏家驹之代数的五次方程式解法不能成立之理由》的文章。这篇文章后来成为华罗庚的成名之作，而他也因为大胆挑战权威的精神被清华大学破格聘请。

华罗庚的质疑精神不仅体现在数学方面，就连唐代诗人的诗他也要再三斟酌，然后找出他认为有问题的地方。

比如卢纶的《塞下曲》是这样写的："月黑雁飞高，单于夜遁逃。欲将轻骑逐，大雪满弓刀。"

华罗庚认为，这首诗有逻辑不通的地方：北方到了大冬天的时候，大雁早已南飞，而且天黑乎乎的，又怎么能看见大雁呢？华罗庚在质疑之后，又多次询问相关的专家，小心求证自己的质疑是否合理。最后他了解到，塞外的气候本就变化多端，所以看见大雁也是情理之中的事情。

上面案例中的华罗庚便是典型地运用了批判性思维。在这个过程中，我们既能看到华罗庚的大胆质疑，也能看到他的小心求证。总之，先生用自己的行动告诉我们，对待科学必须认真且严谨。

当然，在用批判性思维思考问题的时候，除了要大胆质疑、小心求证之外，我们还要有自己坚定的立场，否则很容易被家人或者朋友对事物的看法、感觉所左右。从众心理是部分个体普遍存在的一种心理现象，我们每个人都很害怕自己的观点因为与他人不同而遭到排斥，但为了保障判断的准确性，我们需要有敢于挑战大众信念的勇气，也需要有自己的立场，不能因为思维的惰性，或者其他原因就被动地接受所有的东西。

同时，我们要想更加准确地评判一个事物，也需要学会换位思考，即多站在他人的角度思考问题，这样我们才能更加公平、客观地评判他们的观点和信念。

总而言之，批判性思维就像是法官和陪审团在法庭上那样，先把所有已知的信息汇总整合，然后经过综合判断分析，最终形成自己独立的观点。在此过程中，我们需要保持理智和冷静，否则很难形成正确的判断。

最后，要提醒大家的是，批判性思维不是一朝一夕就能形成的。我们需要在为人处世的过程中反复磨炼，反复推敲，并且深入思考，才能理智而独立地认识世界。

全局思维：智者必备"全局之眼"

元朝末年，统治阶级腐败，社会动荡不安，百姓苦不堪言，社会一片混乱。

朱元璋乱世起义，凭借着自身卓越的才能、艰苦奋斗的精神，以及远大的理想抱负，成为一方霸主。不过，彼时的他实力还远远不足以一统天下。虽然论军事实力，朱元璋有一定的优势，但是与西面实力雄厚的陈友谅相比，还是逊色很多。另外，东面江浙一带的张士诚虽是盐商出身，但是凭借着自己的资源一路招兵买马，发展至今，实力也不容小觑，要说打起仗来，其后勤补给方面还是很强的。

如今，这两个敌人摆在面前，朱元璋应该先对付谁呢？其手下的谋士们一致建议他先攻打张士诚，因为朱元璋和张士诚的实力相差不大，打起仗来胜算的概率更大。而一旦打了胜仗，朱元璋的实力也会进一步增强，这个时候就再也不怕强劲敌人陈友谅了。

然而，朱元璋对此却有不一样的想法，他认为陈友谅是一个极具战略眼光的厉害人物，自己假如先和张士诚开战，那么陈友谅绝对不会坐着看戏。因为一旦朱元璋胜利，那么对陈友谅而言无疑就是一个强大的威胁。

所以，为了避免腹背受敌，朱元璋不能把张士诚作为首个攻击的目标。

反过来，假如自己先攻打陈友谅，虽然刚开始会打得比较艰难，但好在张士诚是一个气量狭小、只顾眼前利益、缺乏战略眼光的家伙，自己和陈友谅一旦开战，这个家伙一定会坐山观虎斗，最后坐收渔翁之利。

经过一番权衡利弊，朱元璋发现先攻打陈友谅胜算更大一些。后来，事实证明，朱元璋的想法是对的。他先铆足劲和陈友谅抗战，经过鄱阳湖一战，陈友谅已然成了手下败将。接着，朱元璋收整军队，轻松消灭了张士诚，随后完成了一统天下的远大目标。

读完上面这个故事，我们会发现，朱元璋之所以成为最大的赢家，根本原因是他有大局观，能够透过表层现象看到更加深层次的内容。假使他刚开始就像部下谋划的那样，没有从全局出发，盲目用兵，那么最后的胜利大概率不会属于他。

思考的维度决定了人生的高度。做人做事，我们也需要有像朱元璋那样的全局思维，这样才能有利于我们将来的发展。

那么具体来说，什么是全局思维呢？它是指从实际出发，正确处理全局与局部、未来与现实的关系，并抓住主要矛盾制定相应规划，为实现全局性、长远性目标而进行的一种思维。拥有这种思维模式之后，我们可以透过表象抓住问题的本质，从而避免了“一叶障目”的干扰。

在日常生活中，我们应该怎么做才能培养自己的全局思维呢？首先，我们要看得见小的细节。

一家食品有限公司要招聘一位库管。这时，办公室走进来一位高学历的应聘人员。通过几轮交谈，领导对这位应聘者很是满意。因为以他的业务能力和专业水平，他确实能胜任这份工作。

可后面的一个小失误却让领导对这位应聘者的好感度急转直下。原来，在这位应聘者的简历里有一处很不应该犯的错误：身高本来 170 厘米，结果让他写成了 170 米。

领导事后感慨地说："一个连小事都看不见的人，怎么能看得清全局呢？他连最基本的长度单位都能搞错，怎么能管理得了一整个仓库呢！"

老子曰："天下难事，必作于易；天下大事，必作于细。"一个人的眼睛只有看得见小事，才能撑得起大局。如果连这些琐碎的小问题都不放在眼里的话，怎么要求他树立大局观呢？

其次，我们要抓住三个关键词：关联、整体、动态。

第一，关联。

这个世界上的所有事物都不是孤立存在的，它们之间相互作用、相互影响，从而形成不同的结果。因此，我们在考虑问题的时候，可以从事物的关联性出发，这样可以得出更为客观而合理的结论。

第二，整体。

任何一个事物都是由各个要素组成的，每个要素之间彼此存在着一定的关联。我们在处理问题的时候，不要单独揪着其中的一个要素思考，而应该把全部的要素以及要素之间相互作用的规律全部输入大脑，然后经过大脑的综合判断分析，最后输出一个可靠的结论。

第三，动态。

这个世界上任何事物都是变化发展的，唯一不变的就是变化。所以我们思考问题的时候，也要把这个问题放在时间轴上观察，看看它从过去到未来会有什么样的变化。

古人云："不谋万世者，不足谋一时；不谋全局者，不足谋一域。"全局思维对我们为人处世有很重要的指导作用，大家今后在处理问题的时候，一定要由点到线，由线及面地放大格局，这样才更容易做出正确的选择。

六顶帽思维：受益终身的思维工具

《大般涅槃经》里有这样一个故事：

在古印度时代，有一个小国的国王，名叫镜面王，他是一个虔诚的佛教徒。这位国王想用释迦牟尼的佛法教化和管理臣民，但是很多臣民为神教巫道所乱，根本分不清是非对错，也不服国王的管教。

为了便于管理，国王决定为他的臣民们上演一场"盲人摸象"的大戏。他先让手下找来几个盲人，接着又把他们带到大象关押的地方，然后让他们触摸大象身体的其中一个部位。摸完之后，国王让这些盲人分别描述大象的样子。这时，摸到象腿的人说，大象就像一根大圆柱一样；而摸到大象耳朵的盲人则认为，大象分明是一个簸箕；摸到大象肚子的人则跳起来大喊："你们说的都不对，大象长得像大鼓。"这时，其他摸象的人听后也不乐意了，摸到象牙的人说大象像牛角；摸到大象尾巴的人说大象像拐杖；摸到大象鼻子的人说大象像一根粗的绳索。总之，一众盲人，众说纷纭，谁也不服谁。

看到这一幕，一旁观看的臣民们似乎都明白了什么，而镜面王这时也意味深长地笑了起来。

古诗《题西林壁》里有这样一句话："横看成岭侧成峰，远近高低各不同。"如果摸象的这些盲人各自站在自己的角度对大象的样子做出评判，即使他们争论上一整年，可能都得不出一个正确的结果来；反之，假如让他们围着大象转一圈，那么他们一定能根据自己的想法给出更多的答案。

那么在这个平行思考的过程中，他们应该怎么评判这个大象呢？评判的准则又是什么呢？下面，我们用一个受益终身的思维工具——六顶帽思维来逐一解决这些问题。

六顶帽思维是英国学者爱德华·德·博诺（Edward de Bono）博士开发的一种思维训练模式。其中，六顶帽分别由白色、黑色、黄色、绿色、红色、蓝色组成。

白色思考帽代表中立和客观。戴上这顶思考帽，人们关注的重点是客观的事实和数据。

黑色思考帽代表困难、谨慎和负面。戴上这顶思考帽，人们关注的是问题的缺陷。在此过程中，人们可以运用否定、怀疑、质疑的看法，合乎逻辑地进行批判，尽情发表负面意见，找出逻辑上的错误。

黄色思考帽代表价值、积极和正面。戴上这顶思考帽，人们可以集中发现价值、好处和利益。

绿色思考帽代表创造、创意和巧思。戴上这顶思考帽，人们可以尽情释放自己的创造力，开始一场新的头脑风暴。

红色思考帽代表感觉、直觉和情感。戴上这顶思考帽，人们可以表现自己的情绪，还可以表达直觉、感受、预感等方面的看法。

蓝色思考帽负责控制和调节思维过程。戴上这顶思考帽，人们可以从更宏观的角度看待问题。具体来说，有了这顶帽子的助力，人们可以有效控制各种思考帽的使用顺序，规划和管理整个思考过程，并负责做出结论。

使用六顶帽思维法，我们可以厘清思考的不同方面，也可以寻找到一条长远的发展道路，而不会在互相争执中白白浪费彼此的时间。

这个平行思维的工具不仅可以帮助团队结束无意义的争论，集思广益地创造出更好的发展方案，而且对于个人来说也有巨大的价值。比如，你是一个文字撰写者，假如你在动笔之前头脑混乱，多种想法交织在一起造成思路淤塞，你可以先用这六顶思考帽设计一个写作的大纲，然后再按照一定的次序思考其他写作方面的问题。

总之，大家在使用的过程中，可以戴上不同颜色的思考帽，以此摆脱传统思维的枷锁，打开创新思维的大门，让自己的头脑变得更加清晰。

反熵增思维：降低精神熵，提升幸福体验

在生活中，我们经常有这样的体验：

一个干净整洁的房间，如果长时间不整理，它就会变得杂乱不堪；一杯烧开的水，在自然状态下，温度会慢慢流失，逐渐冷却下来；一段感情，刚开始的时候爱得炽热浓烈，可是时间长了，也难逃"相看两相厌"的宿命……

其实，这些现象都是熵增定律的具体体现。那么，什么是熵增定律呢？"熵"是德国物理学家鲁道夫·克劳修斯提出的一个概念，它是用来形容分子的运动状态的。热力学第一定律告诉我们：能量是守恒的；热力学第二定律则告诉我们：能量在转化的过程中不可能被百分之百地利用，总有一部分能量会被浪费掉，而浪费掉的这一部分能量就被称为"熵"。换句话说，"熵"是系统中的无效能量，也是用来量度系统无序程度的物理量。

所谓的熵增，就是指在一个封闭的系统中，所有事物都在向着无规律、无序和混乱发展，最终"熄灭"。

熵增定律揭示了宇宙演化的终极规律，不管是一个系统，还是一个组织，抑或是一个星球，宇宙，甚至是一个人，都符合熵增定律。因为这个

规律告诉我们，宇宙万物并非是永恒存在的，万事万物最终都将会走向衰亡，所以它也被人们称为最令人绝望的物理定律。

那么作为人类，我们应该如何阻止事物走向衰亡呢？这个时候，拥有反熵增思维就变得十分重要。

1998 年，亚马逊创始人贝佐斯在给股东的信里就提到"反熵增"这一概念，他告诫大家一定要有反熵增的意识，而且为了阻止自身的企业从有序走向无序，贝佐斯还将亚马逊的自营电商业务扩展到 AWS 云服务、FBA 物流体系。另外，他还将第三方卖家引入亚马逊开店，让他们与自己的自营店展开竞争。

他这样做的目的就是用外界输入能量的形式，打破企业的封闭系统，以此提高企业自身的核心竞争力。企业在这个开放的系统中不断和外界交换能量，从而实现反熵增的目的，并趋于有序。

管理学大师彼得·德鲁克说："管理要做的只有一件事情，就是如何对抗熵增。在这个过程中，企业的生命力才会增加，而不是默默走向死亡。"

贝佐斯正是因为明白这样的道理，才秉持这样的理念经营自己的企业。最后，亚马逊不仅没有在竞争中淘汰，反而成为市值多达千亿的全球大企业。

然而，这样的大格局，这样超前的智慧并不是每个人都有的。1975 年，柯达一位名叫史蒂夫·萨松的年轻工程师发明了世界上第一台数码相机。但是，当这个惊人的消息传到柯达的管理层那里时，却不被众人看好。尽管数码相机的出现颠覆了之前摄影的物理本质，但是管理层却认为，数字成像技术的发展必然会影响柯达在胶卷业务上所获得的丰厚利润。

因为目光短浅，没有为企业的长远发展做打算，所以柯达错过了从胶卷时代向数码时代转型的最好时机。

2012 年 1 月 19 日，柯达在纽约提出破产保护申请，而当初的柯达管理层们怎么也不会想到，最终把自家企业送上绞刑台的正是曾经看不上的数码相机。

随着时间的推移，每个企业都会因为缺乏活力和创新而走向衰亡。柯达的管理层不明白这个熵增定律，所以他们不舍得将企业好不容易建立好的平衡感推倒，也不愿意把钱和资源投入到新的领域，最终让企业在一潭死水里一步步从有序走向无序，从成熟走向消亡。

物理学家薛定谔说："自然万物都趋向从有序到无序，即熵值增加。而生命需要通过不断抵消其生活中产生的正熵，使自己维持在一个稳定而低的熵水平上。生命以负熵为生。"对抗这个终极规律，不仅企业要有反熵增思维，个人也要有这样的觉悟和思维。

那么作为普通人，我们应该怎么做才能拥有反熵增思维，让自己逃离混乱和无序呢？

首先，我们要学会放弃不切实际的幻想，主动投入时间和精力厘清每一天要做的事情，不要等到生活脱离了你的掌控之后才去采取行动。其次，我们要学会自律生活。人需要不断汲取外界能量才能维持生命体的活性，假使我们在生活中不自律，饮食作息不规律，也会导致熵增。最后，建议大家保持开放的心态，多和外界交流和沟通，比如旅行、读书，或者交朋友，这些可以让我们从外部世界获得更多的信息和能量，从而帮助我们降低精神熵，提升幸福体验。

10+10+10旁观者思维：助力你觉醒自己的认知

我听过这样一句谚语：机会老人先给你送上他的头发，当你没有抓住再后悔时，却只能摸到他的秃头了。在现实生活中，有很多人因为认知方面存在一定的局限性，所以导致他在做选择的时候举棋不定，从而错失良机，或者做了错误的决定。因此，我们要想解决这个困难，不妨采用10+10+10旁观者思维。

那么，什么是10+10+10旁观者思维呢？它是一种有助于你觉醒自己认知的思维模式。具体来说，就是当你走在人生的十字路口，举棋不定的时候，你可以想象一下：

做出一个选择，10分钟后，你是如何看待自己的这个选择的，你会不会为此而感到后悔；10个月后，你又是如何看待当时做的这个决定的；10年后，你又是如何看待自己10年前做的这个判断与决策的。

从不同的时间跨度来看这个问题，你就可以更加理智地做出决断。下面，我们通过万维钢《高手》里的一个故事来进一步了解一下这个思维模式：

卡尔是一个离过婚的男人，离婚之后，他和女儿相依为命。后来，卡尔遇到了一个名叫安妮的女子，这个女子长得非常漂亮，而且还对卡尔有一定的好感，没过多久两人就发展成了男女朋友。

安妮是一个未婚女性，她对婚姻非常向往，更重要的是，她非常喜欢卡尔。她希望自己可以早点嫁给他，并且给心爱的卡尔生一个孩子。可卡尔的态度似乎有些不明朗，因为受过婚姻的打击，所以他做事非常谨慎，而且他也不愿意因为女朋友而干扰女儿的生活。

一天，安妮和卡尔一起去外面度假，她想借着这个机会把很多事情都说清楚，可她又担心自己过于热情，会遭到卡尔的拒绝。最后，举棋不定的安妮找到了兄弟希思，请他帮忙给个建议。

希思让安妮在做选择之前先考虑这样一个问题：如果你跟卡尔表明爱意，那么10分钟后、10个月后、10年后你又如何看待此时的这个决定呢？

安妮想了想答道："10分钟后，我估计会很紧张，但是我也为自己刚刚的行为感到自豪；10个月后，就算遭到卡尔的拒绝，我大概也不会感到后悔；10年后，不管我和卡尔能不能在一起，我都不会把这次表白当一回事。"

希思的这个10+10+10旁观者思维很快帮助安妮做出了选择：向卡尔果断表白。

从上面的这个故事中我们不难看出，这种思维模式对人们做临时的判断、大的决策，以及预测自己的未来等有很重要的指导作用。按照这个思维方式思考问题时，我们不仅需要把时间向后推移，而且还要让自己进入旁观者的角度，即尝试用上帝的眼光看待我们过往的决定。

同样的一件事情，当我们从不同的视角去看的时候，会得出不同的理解和结论。另外，当我们能够从自我角色中分离出来，以观察者和他人的视角看待问题时，我们会变得更加冷静和客观，做出来的决定也更加靠谱和合理。

复利思维：人生就像滚雪球

从前，有一个国王很喜欢下象棋，但是他棋艺高超，根本没有人能够赢得过他。后来，皇宫里来了一个年轻人，这个年轻人技艺了得，很快就打败了国王。国王见自己终于有了一个像样的对手，心里很是高兴。他笑着问这个年轻人，赢了象棋想要什么样的奖赏。

年轻人回答道："陛下，我想让你赏赐我一些麦子。请您在棋盘的第一个格子里放一粒麦子，第二个格子里放两粒，第三个格子里放四粒，以此类推，总之，每个格子中放的麦子的数量是前一个格子中麦子数量的两倍。最后，一定要将棋盘的所有格子都摆满哦。"

听了年轻人的要求，国王很是不屑，他觉得实现这个年轻人的愿望实在是太简单了。可放着放着，国王就头冒冷汗，因为要把这个格子全部填满实在是太不容易了，就算把粮库里的麦子全部搬过来，也未必够用。

在上面这个故事中可以看出，刚开始的时候，大家都不会把年轻人的要求当一回事。因为按照他的要求，刚开始棋盘格里的数字实在太小了，但就是这样一个小数字，在经过很多次的指数变化后，最终竟然变成一个令人害怕的天文数字。这个过程就像滚雪球一样，雪球粘上的雪越来越多，变得越来越大，最后经过不断重复，雪球大到不可想象。

从复利这个角度来看，这是一个年轻人利用复利思维为自己谋利的典型例子。那么，什么是复利思维呢？复制思维就是，即做一件事情，会导致一种结果，而这种结果会反过来加强这种事情，再做出更好的结果，如此反复循环。

说得通俗易懂一点，就是"做事情 A，会导致结果 B；而结果 B，又会反过来加强 A，不断循环"。这种利滚利的思维模式可以帮助你利用有限的精力和财富获得超出你想象的回报。

在如今这个信息化的时代，很多人利用这个复利思维，在投入资金的前提下，年复一年地获得丰厚的回报。当然，除了金钱之外，他们还收获了知识、人脉资源，以及身体的健康。而作为一个普通人，我们要想改变自己的人生，也需要向他们学习，可以从以下三个方面为自己复利。

第一，财富积累上的复利思维。

财经作家欧盛说："别盲目相信勤奋的力量，熬夜加班和你躺在床上睡大觉，很多时候没有多大区别。"我们要想获得极高的收益，过上有品质的生活，仅仅依靠勤奋和辛苦是远远不够的。反过来，当我们不再单纯地依靠体力，而是将很强的复利思维用到投资理财活动中时，你会发现实现财富自由其实也不是一件难事。

第二，知识上的复利思维。

所谓知识上的复利思维，是指新知识会不断成为下一次思考和进化的积累，不断学习新知识，就会让知识以复利速度快速更新迭代。"现代管理学之父"德鲁克先生是一个积极向上、热爱学习的经济学家。他每隔两三年就要学习一门新的学科，从而实现知识上的复利。因为日积月累地输入，德鲁克先生全方位打造了自己的知识架构。

当然，正是因为德鲁克懂得在知识上复利，所以他才精通经济学、心理学、数学、政治理论、历史及哲学等众多领域知识，从而为后来的著书立说奠定了扎实的基础。

第三，健康上的复利思维。

人们常说："健康是1，其他是0，只有1存在，0的存在才有意义。"很多成功人士意识到健康的重要性，所以他们喜欢坚持锻炼身体，日复一日地为自己的健康护航。可以说，正是这种在身体健康上的复利思维，才使得大型交易公司 Trillium Trading 的高级副总裁 David Lazarus，在40岁出头的年纪还能在47秒内跑完400米；IRC 证券老总 David Carraturo，虽然头发花白，但仍能完成26个引体向上。这些社会的精英们利用健康的复利思维，为自己换来了强健的体魄。而有了强健的体魄，他们才能激发出巨大的身体能量，从而更好地实现自我价值。

复利思维是让我们实现人生逆袭的重要工具。我们在利用复利思维做某件事情的时候，一定要多一份坚持和耐心，这样才能看到最后的爆发式效果。

另外，当我们准备投入一件事情的时候，我们一定要有强烈的目标感，这样才能保障自己有足够的动力坚持下去，否则很容易变更方向，半途而废。

　　最后，要提醒大家的是，不管采用复利思维做任何事，都不要过度透支自己的健康。健康是一种很重要的资源，以牺牲健康为代价换取其他想要的东西，本身就是一种不理智的行为。

第四章
跳出思维误区，"养大"自己的格局

反刍思维：反复重播过去的错误

在平常的生活中，我们经常会有这样难以释怀的时刻："我平时对他那么好，他怎么能用那样恶劣的态度跟我说话呢？""都怪我那个时候太犹豫了，没有早点把那套房子买下来，如今房价翻了十几倍，真是亏大了呀！""要是当年高考我能再多考十几分，那我肯定就不会跟心仪的名校擦肩而过了，现在想想实在是太可惜了。"……

当我们反反复复地回忆那些不愉快的经历，并且多次"咀嚼"事情本身，以及失败的原因和可能的后果时，我们就会让自己陷入痛苦和焦虑的地步。

这样的行为与动物的反刍何其相似！我们都知道，一些食草性动物，如牛、羊、鹿等为了在残酷的自然界生存下去，进化出了 4 个胃。这些胃可以帮助它们储存大量的食物，等到安全的时候，它们会把之前快速吞咽的那些食物经逆呕重新返回到嘴里，再次仔细咀嚼并消化。

人类这种和动物一样反复咀嚼过往，重复被动思考的过程，也被称为反刍思维。反刍思维这一概念是 20 世纪 90 年代由耶鲁大学教授 Susan Nolen-Hoeksema 博士提出的，具体是指在经历了负性事件后，个体对事件、自身消极情绪状态及其可能产生的原因和后果进行反复、被动的思考。

思维反刍可以让人类的大脑建立处理此类事情的快速通道，并最终帮助自己在随后的生活中更好地应对可能会发生的类似情况。不过，即便如此，它所带来的负面影响也不可小觑。

1989年10月17日，旧金山湾区的洛马普列塔地区发生了很大的自然灾难。一场里氏7.1级地震摧毁了数万人的家园，62人由此丧生，3757人受到了不同程度的伤害。

地震发生后的第14天，一些科学家用问卷调查的方式向地震所波及区域的斯坦福大学的一批大学生做了一次心理健康方面的测试，结果发现很多人都有反刍思维的倾向，并且根据之后的追踪调查，科学家们发现那些反刍思维倾向越强的人，他们在经历过灾难后的抑郁水平越高。

反刍思维虽然是人类进行自我保护的本能反应，但不可否认，它对人们的情绪有着很消极的影响。在此过程中，人们会花费大量的时间"重温"那些不愉快，由此陷入巨大的痛苦中无法自拔。尽管过往的结局早已注定，但很多人看不到这一点，而是一味地为此感到懊恼、后悔、羞愧和愤怒。这样做无疑会让自己陷入恶性循环，从而失去继续向前走的动力和积极解决问题的能力。

既然反刍思维是人们陷入负面情绪的罪魁祸首，那么我们应该怎么及时识别它，防范它呢？

我们看自己有没有陷入反刍思维，可以通过以下四个方面来判断。

第一，经常纠结自己过往的言论是否得当。比如"我今天那样跟领导说话，会不会得罪他呀？"此类言论如果长时间纠结，只会徒增自己的焦虑感。

第二，对于别人的夸赞，保持质疑和否认的态度。比如，有人夸你"今天穿得好漂亮啊！"事后，你会反复琢磨这个人的夸奖是不是真心的，并且不断质问自己："我的衣服真的有那么漂亮吗？"

第三，经常琢磨别人的言外之意。比如，领导笑着说"你和××的关系很要好哦"之后，你会反复思考领导为什么要那样说，他说那句话的真实意图是什么，会不会觉得我在公司里搞小团体？

第四，过去痛苦的经历总是一遍遍地回忆。人这一辈子都会经历一些酸甜苦辣的事情，但有些人总是忘不掉过去的痛苦，并且一遍遍地把它从记忆中提取出来，反复琢磨，反复回味，生怕自己忘掉似的。

如果你经常有以上几种"症状"表现，那么大概率已经陷入反刍思维的误区。此时，你可以通过以下三个方法，走出反刍思维的负面循环。

第一，找个人开解一下自己。

有的时候一个人胡思乱想，就容易走进"死胡同"。这个时候找一个亲近的人一起帮你分析当前的形势，或者宽慰一下你的内心，也许你就能从这个"死胡同"当中走出来，从而不再焦虑和痛苦。

第二，学会转移自己的注意力。

当你的思维经常陷入过去和未来的泥潭里无法自拔时，你可以适当听听音乐、跑跑步、看看电影，放松一下自己的身心。当我们的注意力从这一头转移到另外一头时，心里的焦虑感就可以得到很大程度的缓解。

第三，换位思考。

当别人的一些言论严重影响到自己的情绪时，你不妨换位思考一下，当时的他为什么要说出那样一番话。站在说话人的角度上，理解其言语背后的原因，也许你一下子就释怀了。

总而言之，思维上的反刍与负面情绪有着千丝万缕的联系。我们在日常工作和生活中一定要注意，避免自己掉进这个思维陷阱里，从而严重影响正常的工作和生活。

幸存者偏见：看不见的弹痕最致命

古罗马知名政治家西塞罗曾经讲过这样一个故事：

一次，一群宗教信徒在乘船出游时不幸发生了意外，当时船上死了很多人，幸存下来的寥寥无几。后来，这些幸存者找人作了一幅画，画的内容是一群人在沉船事故中祈祷。这几人想通过这幅画告诉世人：相信神的存在，神就能保佑你免受灾难，平平安安。

之后，这幅画被一个无神论者看见，他当即就反驳道："那么，那些被水淹死的人呢？他们的画像又在哪里呢？"

是啊，幸存者因为运气好活了下来，然后他们为了让人们相信神灵的力量，随意捏造谎言。可是那些祈祷之后被淹死的人呢？他们已经永远无法开口说话了，所以再也没有人能够证明祈祷神灵其实是没有任何用处的。

这个故事就是"幸存者偏见"的出处。现实生活中，我们往往只看到成功的部分人，却自动忽略了失败或者死亡的人，我们把这种现象称为幸存者偏见。

幸存者偏见是一种常见的逻辑错误，具体来说，就是当你在分析某个事物的时候，可能会面对诸多证据（样本），但是大多数人通常只注意到"显式"的样本和证据，而忽略了"隐式"的样本和证据，从而得出错误的认知和结论。

一般来说，当我们在某个方面获得成功时，很容易犯"幸存者偏见"这个错误。另外，当我们陷入这个思维误区时，我们会遭受以下三个方面的危害。

第一，认知偏差。

在日常生活中，当我们把太多注意力放在已经拥有的部分时，我们就会忽视"沉默证据"，从而导致你对某个事物有一定的偏见，从而得出一个错误的结论。

比如，我们看到身边有一个人小学毕业，但是他混得风生水起，如今已经是一个公司的老总，身家高达千万。这个时候你就会轻易得出一个结论：读书有什么用呢？苦读多年的人毕业之后还不是要给那些没文化的人打工。

然而，你通过这个老总的事例得出"读书无用"的结论一定是正确的吗？很明显是错误的。因为那些读书少却因为各种机缘巧合走向成功的人毕竟寥寥无几，大部分人还是通过读书改变了自己的命运；而那些读过书却混得不好的人，不是因为读书没有用，而是因为他不会读书，或者书读得还是太少。

上面这个案例告诉我们：当一个人陷入幸存者偏差的思维陷阱时，很难有一个正确的认知。

第二，错误归因。

人们常说"喝葡萄酒有利于长寿"。人们之所以得出这个结论，是因为当时调查走访的时候，发现很多长寿的老人都在饮用葡萄酒。但是，喝葡萄酒真的是人们保持长寿的秘诀吗？其中的因果关系真的成立吗？实际上，如果我们以严谨的态度考究这个事情，就会发现其中有很多不确定性。因为经常饮用葡萄酒但不长寿的人已经死了，所以没有人能够证明这个养生秘方的错误性。

《下蛋的狗》一书里也记载着这样一个因果混乱的故事：英国的苏格兰北部居住着一群特殊的人。他们的头发上长年长着虱子，而虱子一旦离开他们的头发，他们就会发烧、生病。从表面上看，头发上的虱子是他们健康生存的必要条件。但是事实果真如此吗？

其实根本原因是：他们发烧在先，所以导致虱子烧得直跳脚。最后，当温度高到一定程度时，虱子忍受不了，只得离开了头发。

然而，当地人正好把这一因果关系弄混了。所以，当他们发烧的时候，他们会主动找一些虱子放在病人的头发上，以此来保佑病人，使疾病尽快消失。

在日常生活中，我们经常能看到一些筛选出来的结果，但是并没有意识到筛选的过程中可能会忽略掉一些非常关键的信息。因此，我们会得出一些因果倒置，或者无中生有的结论。

第三，错误的决策。

"二战"时期，盟军派飞机轰炸德军基地。可在执行任务的过程中，大部分飞机都被敌人击落了，只有少部分飞机侥幸逃过一劫，但是这些幸存下来的飞机机翼上也全都是弹孔。

司令见到这些弹孔之后，要求立刻用钢甲加强机翼。此时，一位美国哥伦比亚大学统计学教授沃德开口说话了，他说："钢板应该加装在未出现弹孔的机头部位。"司令闻言大吃一惊，问他为什么要这么做。沃德平静地答道："从概率学角度看，飞机任何部位受弹概率都应当相同。所以，那些返航飞机机头没有出现弹孔并不是因为炮弹打不到，而是因为炮弹没有打中要害；而那些机头部位中弹的飞机，因为驾驶员丧生而机毁人亡，所以我们才看不到一架机头中弹的飞机。"

司令听后，恍然大悟，随即命人在轰炸机机头下方加装钢板，此后盟军的飞机折损果然越来越少。

看不见的弹痕最致命。幸存者可能并不知道自己是怎么活下来的，只有死去的人才知道，可这些死去的人却永远失去了说话的机会。在上面这个案例中，假如没有统计学家的提醒，那么司令肯定迷失在幸存者偏差的误区里，做出错误的决定。

在日常生活中，我们要想避开这一思维误区，应该怎么做呢？在此建议大家从宏观的角度思考问题。概率论告诉我们，一个事物在很长一段时间内会趋于平均水平，即均值回归。所以，大家在做判断的时候，一定要从宏观的角度思考问题，不要盯着某些小概率事件不放，这样才能把风险排除在外。

黑白思维：世间所有之事，并不是非此即彼

在我们很小的时候，总喜欢把电视里看到的人分为好人和坏人，好人则是绝对的好，坏人则是十足的坏。这其实就是典型的黑白思维。这种思维也叫二元对立论，具体就是指把每一个特定情况都归类为两个极端之一。其实，等我们长大了成熟一点就会明白，这个世界并不是非黑即白的，在这两个极端之间还有很多特殊的情况可以具体划分。

在电影《无名之辈》中，眼镜和大头无疑是两个妥妥的反派角色。他们年纪轻轻进城谋生，没有自食其力，反而走上了抢劫的不归路。一天，二人戴着头盔气势汹汹地来到一家手机店门口，眼镜举起土枪，朝着房顶打了个洞，大头则举起锤子朝玻璃柜猛砸。很快，他们得手了。在逃跑的过程中，大头因为过于紧张，不小心把摩托开到了树上。

二人为了躲避警察的追捕，只得扔下摩托四处逃窜，最后他们躲进了残疾女孩马嘉旗的家里。

马嘉旗因为一次车祸导致全身瘫痪，眼下只有一个脑袋还可以转动，因为受不了这样绝望的轮椅生活，所以马嘉旗一心求死，不断地用言语刺

激着这两个悍匪。

刚开始的时候，眼镜还时刻拿枪顶着马嘉旗的脑袋，威胁着她的性命。后来了解了马嘉旗的情况之后，两个悍匪竟然动了恻隐之心，他们不顾马嘉旗的辱骂和阻拦，帮小便失禁的她换上了尿不湿，而且还帮她完成了人生心愿。最后，他们更是耐心地照顾她的饮食起居，并且还用言语安慰和鼓励着马嘉旗，让她重拾生活的勇气。

经济学家寒冰曾说："被抹黑的未必真的就黑，被浓妆艳抹的未必就白，我们需要重新找回自己的智慧、理性乃至悲悯之心。"真实的世界不是非黑即白的，所以我们也要一分为二地看待世界，接受事物和人性的多面性，也要将是非对错模糊化。只有这样，我们才能在做决策的时候更加客观。

那么在日常生活中，我们应该怎么做才能避开黑白思维的误区呢？以下是三点可行的建议。

第一，用平行思维看待问题。

平行思维就是指从不同角度认知同一个问题的思考模式。我们前面讲的"六顶思考帽"就是平行思维的一大工具。具体如何利用这个工具进行平行思考，这里我们就不再赘述。

这种思维模式可以帮助我们跳出原有的认知模式和心理框架，全面地看待问题的各个层面，以此减少决策的风险。

第二，摒弃完美主义。

追求完美，是一个人陷入黑白思维误区的原因之一。很多人在追剧的时候，不喜欢看到主角身上有一丝一毫的瑕疵。要是这个主角性格稍微有一点问题，观众的心里就很别扭。其实生而为人，有点问题，有点缺陷，是再正常不过的事了。如果我们非要秉持着完美主义的理念苛求他人，那就严重脱离了现实，而且很容易走进非黑即白的思维误区里。

第三，培养灰度思维。

灰度思维才是最接近世界真相的思维模式。著名企业家任正非曾经说过："任何黑的、白的观点都是容易鼓动人心的，而我们恰恰不需要黑的或白的。我们需要的是灰色的观点，在黑白之间寻求平衡。"

所谓的灰度思维，就是指在分析问题的时候，我们先不急于做非黑即白的判断，而应该像个指挥官一样，评估各种选项的可能性，找出最优解，然后做出决策。

明代的沈万三年轻的时候，做过一段时间的茶叶生意，可后来他发现自己实力薄弱，根本无法在竞争激烈的市场上争得一席之地。聪明的沈万三并没有把茶叶生意进行到底，而是转身将目光锁定在了装茶的竹筐上。后来，他通过低价买进、高价卖出的方式在竹筐生意上赚到了很多钱。

有黑白思维的人，常常会狭隘地看待某一件事情。但聪明的沈万三很显然跳出了原有的思维框架，在非A即B中选择了C。这种灰度思维又何尝不是一种做人的智慧呢？

在知乎上看到过这样一段很有道理的话："看似成熟的人对世界有一

套非常清晰和稳定的价值观念，喜欢对事情下'终极式'的判断，凡事都要分出黑白。而那些真正成熟的人知道生活是不确定的，能根据不同的场合灵活地权衡与判断。"最后，愿我们每一个人都能走出幼稚的黑白思维，站在更高的视野去思考问题。

灾难化思维：没有最坏，只有更坏

你是否曾经有过以下几种消极的想法：

"如果我这次在班级演讲比赛中出现失误，那么这辈子都无法在老师和同学面前抬起头来。"

"昨天的方案又被老板否决了，我永远都是那么差，始终无法得到别人的认可。"

"我的胃疼了好几个月了，我一定是得了胃癌。"

"最近吃胖了十几斤，所有人看见我一定觉得我跟猪没什么两样。"

……

如果你经常有类似消极的想法，那么大概率是陷入了灾难化思维的陷阱。

什么是灾难化思维呢？它是指想象消极事件的最坏结果，将事情的后果灾难化，甚至对将来不可能发生的事情也要做最坏的打算，消极事件产生的负面影响会被急剧放大。

"积极心理学之父"马丁·塞利格曼经过几十年的研究后发现，人们在遭遇负面事件时，通常会陷入三种灾难化思维陷阱。

第一，个人化。

个人化是指认为负面事件的发生都是自己的错，基本没有他人或环境的因素。比如，和同事产生了分歧，就会把全部原因归咎于自己身上，认为自己的思想出了问题，而不去考虑别人到底有没有错。

第二，普遍性。

普遍性是指认为消极事件会影响到自己的方方面面，进而对自己这个人做出负面评价。比如，这个问题如果自己一个人解决不了，就开始怀疑自己根本没有什么能力，继而觉得自己是一个无用的人。

第三，持久性。

持久性是指某一消极事件的残余影响会永远存在，一辈子都无法抹去。比如，一个人如果出生在一个吃不饱穿不暖的穷苦人家，他就认定自己一辈子就是吃苦的命，之后也不会有翻身的机会。

这种灾难性思维会让人把不好的后果无限放大，然后以消极悲观的方式解读未来，最后产生严重的恐慌心理。

从前，有个人在开会的时候，不小心把茶水洒在了老板的身上，于是他就想：我把老板的名牌衣服弄脏了，老板一定会记恨我的；老板记恨我的话，一定会给我"穿小鞋"，到处找我的麻烦；如果我被老板不停地找碴，那么下一步肯定是逼着我辞职；如果我辞了职，那么就没有可靠的收入来源，这样岂不是无法养家糊口了吗？如果我没有赚钱的能力，那么老婆孩子肯定会嫌弃我，然后离我而去，那个时候，我岂不是成了孤家寡人了吗？

天哪，我的人生怎么会这么惨！这个人越想越难过，最后竟然忍不住抽泣起来。

从上面这个案例中我们可以看出，灾难化的思维不仅会明显增加我们的焦虑感，而且也会让我们变得敏感多疑。另外，一旦被这种思维操控，我们就会用回避的方法解决问题，结果将自己的人生弄成一团乱麻。

那么，既然灾难化思维对我们的生活危害极大，我们应该怎么做才能转化这种思维模式呢？以下两点可供大家参考。

第一，转移注意力。

如果你发现自己正在被糟糕的情绪困扰，那么就换个环境试一试。比如，你最近因为毕业论文愁得睡不着觉，这时你可以适当看一些搞笑的综艺节目，以此缓解你焦虑愁苦的情绪。

第二，反问自己：我这样想真的对吗？

比如，谈恋爱的时候跟男朋友分手，通常这个时候你会极度自卑，认为问题都出在自己身上。当你出现这种扭曲的观点时，你不妨问问自己：我这样想难道真的对吗？有没有一些其他的因素导致我们分开呢？比如，思想观念、生活方式、地理位置等。这样一想，也许你就不会那么自卑了。

总而言之，灾难化思维是一种对消极情境的夸大和（或）对未来糟糕至极的认知歪曲，它对各个年龄段的个体都存在消极影响。如果你经常受它的干扰，那么一定要及时识别它，质疑它，并挑战它。这样你才不会被坏情绪折磨得痛苦不堪，从而降低生活的幸福指数。

赌徒谬误：你以为的并不是你以为的

1913 年，拉斯维加斯的蒙特卡洛赌场里发生了一件很有意思的事情。

一大群人围在一张赌桌前跃跃欲试，原来这里的轮盘已经连续开出了十几次黑色，大家心里暗想：下一次轮也该轮到红色了吧。因为有这种心态在作祟，所以这些赌徒们都把钱财押在了红色上。

可他们几乎快输光了，还是没有等来红色，直到连续开了 27 次之后，红色才姗姗来迟。

在这次豪赌中，很多人输得惨不忍睹，只有赌场轻轻松松赚了数百万美元。

后来，大家把它称为"蒙特卡洛谬误"，也就是"赌徒谬误"。

赌徒谬误是指认为一个事件的结果在某种程度上隐含了自相关的关系，即认为随机事件发生的概率和没有发生的概率之间相互影响、相互依赖。换句话说，就是人们倾向于将过去和未来两个相互独立的事件联系起来。

举个例子，一个女人怀上了第 4 胎，而她前面的 3 胎均是女儿，那么第 4 胎会是儿子还是女儿呢？

按照概率分析，生男生女的概率都是 50%，但是拥有赌徒思维的人却认为女人已经连着生了 3 胎女儿了，第 4 胎生儿子的概率会更大一些。

事实上，这第 4 次的结果并不依赖于前 3 次，它们之间是互相独立的。如果我们搞不清楚这一点，就很容易闹笑话，做出错误的决断。

一个傻子带着一个炸弹坐上了飞机。不出意外，他被警察抓住了。当问及其中的原因时，傻子是这样说的："飞机上有 1 个炸弹的概率是万分之一，同时有两人带炸弹的概率就是亿分之一，我自己带上一个，便将飞机上有炸弹的概率从万分之一降低到了亿分之一！另外，我又没有打算引爆它，所以你们根本没有必要担心航班的安全问题。"

自己带炸弹和别人带炸弹，本来是两个独立的事件，可故事中的傻子却将它关联在了一起，由此也闹出了一个令人哭笑不得的笑话。

这种赌徒谬误其实也体现了人们的一种盲目自信。大家在高估自己获胜概率的同时，也做出了错误的决定，最后的结果必定是损失惨重，悔不当初。

因此，我们要想避免这种可怕的心理陷阱，就需要注意以下三个方面的内容。

第一，意识到赌徒谬误的存在。

安德烈·莫洛亚说过："要想战胜它，就得先了解它。"如果我们都意识不到赌徒谬误的存在，不了解它是怎么一回事，那么做决定的时候就很容易忽略事件中相互独立的条件，从而做出错误的判断。

第二，独立思考，客观评论。

在我们生活中有各种各样的偏见和认知误区，正因为如此，所以我们在做判断的时候总是存在一定的失误。比如抛硬币，前面 5 次都是正面朝上，那么出于潜意识中"回归均值"的本能，我们就会认为第 6 次大概率会反面朝上。

为了避免出现这样的错误判断，我们在思考问题的时候要尽量提醒自己保持客观和理智，而不应该人云亦云，这样才不会导致评论结果出现偏差。

第三，给事件正确的归因。

发现了一个问题，我们不要急着给答案，而要多问几个为什么。排除干扰项，合理归因，才能让你走出思维的误区，做出正确的决断。

赌徒谬误是生活中常见的一种不合逻辑的推理方式。我们要想对它避而远之，最好以旁观者的角度思考问题，以更为客观的立场去看待事物，这样才能有效防止自己头脑发热，做出不当的决定。

禀赋效应：人一旦拥有什么，就高估什么

一家商场的新店开业，你在逛街的时候收到了一张店家发来的"满199 元减 100 元"优惠券。这时，你会忍不住去购物，因为你觉得如果不去的话，就会浪费掉这张很有价值的优惠券。可这张优惠券在交到你手上之前本来是一张可有可无的纸，为什么到了你手里之后就觉得它很有价值呢？

其实这就是心理学上的"禀赋效应"。"禀赋效应"这个概念最早由经济学家理查德·塞勒在 20 世纪 70 年代提出，它是指当一个人拥有某项物品时，他对该物品价值的评价要比未拥有之前大幅增加，这导致人们在决策过程中对利害的权衡是不均衡的，对"避害"（避免放弃已经拥有的）的考虑远大于对"趋利"（获取没有拥有的）的考虑。

为了让大家更好地理解禀赋效应，理查德·塞勒还特意做过这样一个实验：

他找来一些学生，把他们分为三组，然后分别给这三组学生布置相对应的任务：卖咖啡杯、买咖啡杯、买或者卖可自由选择。交代完任务之后，他让这三组人分别给咖啡杯定价。

结果发现，第一组的卖家标出的价格是最贵的，他们的估价高达 7.12 美元；而第二组的买家标出的价格是 2.87 美元；第三组可自由选择的学生估出的价格是 3.12 美元。从这个数据可以看出，第二、第三组的价格相差不大，但第一组的价格却比后两组高出一倍多。这充分证明了一个道理：人一旦拥有什么，就高估什么。换句话说，就是人们对于自己所拥有的东西，感知价值相比于拥有之前更高。

一般来说，禀赋效应有两个最明显的表现：第一，对于自己拥有的东西格外珍惜，即便是自家的破旧扫帚，也当宝贝爱惜，不舍得失去；第二，一个人总是觉得拥有的东西比没有拥有的东西更有价值，因此他会因为担心可能的失去而放弃更大可能的收获。

人们为什么会难以放弃自己拥有的东西呢？实际上，损失厌恶心理是导致禀赋效应产生的一大原因。那么，什么是损失厌恶呢？

损失厌恶是指人们面对同样数量的收益和损失时，认为损失更加令他们难以忍受。同量的损失带来的负效用为同量收益的正效用的 2.5 倍。说个经济学家常用的例子，假设你今天出门上班的时候，"心情满意值"是 100，结果在半路你捡到了一个钱包，里面还放了 100 块钱，这个时候，你的"心情满意值"迅速达到 150。可天不遂人意，因为交通拥堵，你迟到了半个小时，老板因此扣了你 100 块工资，这时你的"心情满意值"一下子降到了 75。

在这一得一失的过程中，你的钱其实没有任何变化，但是"心情满意值"却从最初的 100 降到了 75。这也就是说，失去一样东西的痛苦要远远大于得到一样东西的快乐。而要想抵消这些相同损失的痛苦，你需要获得两倍的快乐才行，即捡到 200 块钱才能平复丢失 100 块的痛苦。

禀赋效应是人类思维的本性，那么我们应该怎么做才能规避它呢？

第一，多花一点时间权衡利弊。

德国作家罗尔夫·多贝里在《清醒思考的艺术》里讲过这样一个故事：他在一个二手车商店里看中了一辆很不错的宝马车，于是想把这辆车买下了。在谈到价格的时候，他认为这辆车尽管看着不错，但自己的心理价位最多是 4 万欧元；可卖家死活不同意，他们觉得起码得 5 万欧元。双方僵持了一段时间后，卖家妥协了，罗尔夫·多贝里以 4 万欧元的价格买回了这辆车。

第二天，当他开着这辆车去加油的时候，加油站的老板也相中了这辆车，并且承诺要以 5 万 3 千欧元的价格买下它，可罗尔夫·多贝里却拒绝了。这就是典型的禀赋效应。事后，罗尔夫·多贝里也是十分后悔，觉得自己当时太不理智了，拿一个价值 4 万欧元的车换取 5 万 3 千欧元的现金，这有什么可吃亏的呢？

假使他当时能够多思考一会儿，用自己的理智脑权衡利弊一番，那他一定能做出正确的选择。

第二，不要为眼前的一点蝇头小利而犹豫不决。

比如，有一天，你不小心买到了一双不合脚的鞋子，而店家因为优惠的原因不退不换。此时的你为了避免浪费，宁愿硬着头皮忍受一天又一天的疼痛感也不愿意扔掉这双鞋子。你清楚地知道自己想要一双合脚的鞋子，可内心为了保住那点蝇头小利（买鞋的钱），只能做一些委屈自己的事情。其实这样的行为是不值得的，与快乐舒适相比，这点买鞋的钱根本不算什么。最明智的做法其实是果断放弃眼前的一点点小利益，而选择让你更加舒服自由的"大利益"。

当然，禀赋效应对于我们而言并非是全无益处的，如果你是一个营销人员，你可以利用禀赋效应获得更多的客源，收获更多的经济利益。

从众思维：多数人认同的不一定是真理

曾参是孔子很中意的一个学生，他至孝至仁，深受众人的喜欢。曾母对于儿子的品行也十分的信任，并且还经常以他为傲。

有一天，另外一个同名同姓的曾参不小心杀了人。邻居听了之后纷纷跑过来传递消息。曾参的母亲第一次听到儿子杀人的消息时，泰然自若，不为所动。过了一会儿，又有人告诉曾母，你的儿子杀人了。这时，他的母亲尚且还能不慌不忙，自顾自地干活。不一会儿，又有人把这个消息传到母亲的耳朵里，这时，她一下子慌了，随即关紧了大门，搬起梯子翻墙逃走了。

其实，这就是从众心理的典型表现。那么何为从众心理呢？它是指一个人很容易受到外界人群行为的影响，而在自己的知觉、判断、认识上表现出符合于公众舆论或多数人的行为方式。

那么，我们为什么会有这种"随大流"的心态和行为呢？这是因为当一个人特立独行、与众不同时，会触发他内心的一种安全意识和危机意识。他们觉得自己偏离了群体，可能很容易受到众人的排挤和孤立。所以，为了避免这种麻烦，人们就主动地改变自己的行为和态度，让自己和大众保持一致的步调。

从众心理是部分个体普遍所有的心理现象。这种随大流的想法和行为很容易扼杀自身的创造力，也容易让自己变得愚昧、懦弱和无能。

从前有个物理学家，名叫富尔顿。有一次，他经过长时间的研究，用新的方法测量出固体氦的热传导度，可这个测试出来的结果比按照传统理论计算的数字高出 500 倍。这一巨大的差异使得他不敢声张自己的研究成果，他觉得一旦被人们发现，肯定会有人攻击他，说他为了出名哗众取宠。

这件事之后没过多久，美国的一位年轻科学家也测出了固体氦的热传导度，而且他的测试结果和富尔顿的结果一模一样。因为有了这一惊人的研究成果，这位年轻科学家很快就在科学界享誉盛名。

事后，富尔顿懊悔地说："如果当时我摘掉名为'习惯'的帽子，而戴上'创新'的帽子，那个年轻人就绝不可能抢走我的荣誉。"

从上面这个案例中，我们就可以看到从众思维给人们带来的消极影响。不过，凡事都有两面性，从众思维既有弊端，又有益处。当一个人与其所在群体的目标、行为和步调一致时，那么这个团队的凝聚力就会变得十分强大，而且办事效率也会明显提高很多。

社会环境对一个人有着巨大的影响。从众究竟是不是一件好事呢？它的弊端和益处到底是什么呢？

大家在日常生活中，要有意识地团结他人，发挥余热，以此发挥其积极的影响，同时也要保持清醒的头脑，努力做一个不随波逐流的人。

具体来说就是，首先，我们要养成深度思考的习惯，遇事不要只看表面，也不要人云亦云，而应该一层层深入分析和思考，这样才能形成自己独到的见解。其次，我们还要多看书，多学习，拓展自己的思维和眼界，这样遇事才不会被人牵着鼻子走。最后，我们还要提醒自己，遇事要换个角度看问题，这样才不会让自己沦为大部队里的淘汰者。

19世纪中叶，美国加州掀起一股"淘金热"。据传，那里有很多的金矿，人们为了谋取利益，趋之若鹜。17岁的小亚默尔也想借此机会发点财，可是淘金的活实在不好干，他在历尽千辛万苦之后还是一无所获。看着眼前这些被太阳暴晒口渴难耐的淘金者，小亚默尔突然灵机一动，找到了新的发财之路。他迅速扔掉铁锹，先开挖水渠，引水入池，然后过滤澄清，把水装在木桶里，最后售卖给那些淘金人。他的生意做得很好，很多年后，他已经通过新的商业路径赚到了6千多万美元，而当初的那些淘金者仍然口袋空空，一无所获。

"物以稀为贵"，随大流不一定是最好的选择。当千千万万的人都在争先恐后地过独木桥时，这时你不妨换个角度，独辟蹊径，说不定还会有意外的收获！

沉没成本效应：及时止损才是王道

20 世纪 60 年代，世界各国开始研制超音速客机。因为考虑到研制费用过于高昂，所以英法两国决定通力合作，联合开发一款大型商业化超音速客机——协和式飞机。

这个庞大的项目技术难度大，研发周期长，最关键的是它十分"烧钱"，仅单项新引擎的研发成本就高达数亿美金。

不过好在英法两国很有信心，在研发期间，他们不断地给项目"输血"。可输着输着，他们发现前景十分渺茫，大把大把的钞票砸进去了可飞机的风险依旧降不下来。遇到最难的时候他们也想过放弃，可一旦这个项目被终止，那之前的数十亿资金就打了水漂。而且这个项目一旦被叫停，这一块的市场空白就很难弥补。

最后，在权衡利弊之后，他们还是咬牙坚持了下来。后来又经过几年的辛苦研发，首架协和式飞机首飞成功。1975 年，协和式飞机得到英法两国之间适航证之后开始投入经营。

可这架来之不易的飞机还没有飞多久，就因为研发周期长、设计理念落后等原因惨遭市场淘汰。至此英法两国政府付出了惨重的损失。

上面这个案例其实涉及一个概念——沉没成本。所谓沉没成本，就是指已经投入但不可能再拿回来的支出，比如时间、金钱、情感、精力等。

一般来说，一个人对沉没成本的态度决定了他人生的高度。那些有智慧有格局的人懂得放下沉没成本，及时止损，从而避免自己在错误的道路上越走越远。

在 20 世纪 60 年代，总裁松下幸之助为了日本松下通信工业公司的长远发展，启动了一项耗资巨大的项目：开发电子计算机。

可这个"烧钱"的项目在研发了 5 年之久，且投入经费高达 10 亿多日元的最后阶段却被松下幸之助叫停了。

那么他为什么会这么做呢？原来在那时，IBM 横空出世，几乎垄断了日本的大型电子计算机市场，而松下幸之助所在的公司要想在其中分一杯羹，其实已经很难了。

为了防止公司在错误的道路上越走越远，所以他咬牙放弃了之前的研究。之后松下幸之助独辟蹊径，一心发展企业的传统产品，最后也走出了一条不错的发展道路。

电影《狼图腾》里有这样一段台词：当地人会在草原上放捕兽夹来捕捉野兽，但却很少能捕捉到狼。并不是因为狼有多聪明，而是因为狼在落网时会选择咬断腿来逃生。而其他野兽被捕却只是嚎叫，浪费力气挣脱，最终成为猎人的盘中餐。

当困难来临的时候，我们是做及时止损、断腿求生的狼，还是做费力挣扎、至死都不醒悟的野兽呢？这个选择权在你自己。不过，不同的选择会给你带来不同的后果，所以大家在做决定的时候一定要擦亮自己的眼睛，明确自己的需求，切不可因为舍不得一时的蝇头小利而弄得自己血本无归。

除此之外，当你在做决断的时候，也要把目光放长远一些。过去的已然成为过去，明智的放弃远胜于盲目的执着。最后，愿我们每个人都能学会断舍离，重拾更多新的可能。

权威偏误：权威人士不是神，并非全知全能

1961 年，心理学家斯坦利·米尔格拉姆做过这样一个有意思的实验：

实验的过程中，他让受试者电击玻璃另外一边的人，而且还要求他们不断加大电压，从 15 伏开始，然后是 30 伏、45 伏……最后电压甚至升到了 450 伏。随着电压的不断增加，被电击的那个人脸上的表情逐渐痛苦扭曲，他痛得大声嚎叫，浑身止不住地颤抖。事实上，这个被电击的人是米尔格拉姆请来的专业演员，设备里面也没有电流。

可受试者根本不知道这一情况，看着眼前这个被折磨得死去活来的人，他们很想中断这一实验，可米尔格拉姆却用平静而坚定的口吻要求受试者继续加大电击的强度。

在此次试验中，一半以上的受试者迫于教授的权威只能照做，只有少部分人中断了这个看起来残酷的电击举动。这个实验很形象地展示了什么叫权威偏误。

那么，什么是权威偏误呢？它是指人们在面对权威人士的观点时，会自然地将独立思考降低一级，哪怕是在理性或道德上毫无意义的地方也会无意识地盲目服从，并按照权威人士的意见付诸行动。

比如，同样是两款婴幼儿奶粉，包装上有营养专家认证的一款则更受人信赖。再比如，我们在读新媒体文章时，看到带有某专家教授观点的内容，会觉得更靠谱一些。那么我们为什么会唯权威是听，把权威置于事情真相和逻辑推理之上呢？概括起来，原因主要有以下两点。

首先，人都有自我保护的本能，如果你公然对抗权威，挑战权威，那么无疑是和众人眼中的"正确和标准"作对，其中要承担的风险不是人人都能承受的。

其次，权威代表着地位、实力、信誉、威望和权力，这是人们自然而然产生的一种认知。在这样的情况下，如果你跟着权威学，按照权威的话去做，那么就很容易成为社会大众赞美和广泛认同的对象。试问这样的赞美和认同又有谁不想要呢？也正因为如此，才使得权威的暗示力量更加不可小觑。

1937 年，美国心理学家阿萨德曾经做过一个实验：他在给某个大学的学生讲课时，恭敬地领着一个人走进教室。他告知学生们，这个人是德国知名的化学家，在化学领域造诣很深。

这个假冒的"化学家"站在讲台上先做了一个简单的自我介绍，接着他又郑重其事地拿出一个装有蒸馏水的瓶子，告诉大家："这是我最新发现的一种化学物质，它能散发出一股淡淡的气味。请闻到气味的同学们举起手来。"紧接着，教室里便齐刷刷地举起了很多双手。

众所周知，蒸馏水是没有味道的，但同学们轻易就被这位权威人士的话所蛊惑，从而失去了自己的判断力。由此可见，权威的暗示力量有多大。

当一个人盲目听从权威、迷信权威时，他自然就丧失了独立思考的能力，由此也会做出一些极端的事情来。

歌德说过："权威，人类没有它就无法生存，可是它带来的错误竟跟它带来的真理一样多。"其实大家眼中的权威人物也是人，是人都会犯错误，他们也不可能事事都对，更何况如今很多权威人士都是包装出来的，所以大家不必事事都信奉权威人士的说法。遇事勇敢追求真理，才能突破权威的束缚，从而看到不一样的世界。

日本指挥家小泽征尔在年轻时参加过一次大规模比赛。在比赛途中，他发现在乐谱中间出现了一处错误，这处错误让他听得很不舒服，于是他停止演奏，转身询问台上有权威性的评委。评委告诉他："乐谱没有任何问题，你还是赶紧上台表演吧。"听到这话的小泽征尔将信将疑，返回了舞台。可当他演奏到错误的那一处时，他的心里还是很不舒服，他稍微停顿了一下，接着鼓起勇气，大声告诉评委："这里一定有问题。"谁料话刚说完，评委们就激动地鼓起掌来。

最后，小泽征尔凭借着不畏权威、敢于追求真相的勇气获得了那场比赛的冠军。

真理是时间的孩子，而不是权威的孩子。对于普通人来说，挑战权威并不是一件容易的事情，尤其是当它关乎我们的利益时。不过，如果我们能够在关键时刻像小泽征尔那样自信地向权威说"不"，那么一定会走出平庸，走出懦弱，从而成为一个光彩熠熠的人。

安慰剂效应：别把假象带进真实的世界

"二战"时期，美国士兵在攻打意大利南部海滩时受了很严重的伤，可此时军队里的镇痛剂都用完了。伤员们拖着断肢残臂大声号叫着："快疼死了，赶紧给我们一些镇痛剂吧！"当时的军医比彻很是无奈，只能让护士给伤员们注射生理盐水，并骗他们说里面加了镇痛剂。

结果，比彻惊奇地发现，那些被注射了生理盐水的伤员们居然真的不再痛苦哀号了，好像疼痛真的被止住了一样。

心理学上有一种"安慰剂效应"，指病人虽然获得无效的治疗，但却"预料"或"相信"治疗有效，而让病患症状得到舒缓的现象。上面案例中描述的现象就是典型的安慰剂效应。事实上，在医院里类似比彻这样对患者善意欺骗的行为还有很多。根据俄勒冈卫生科技大学的调查，医生开出的处方里大概有35%到45%的安慰剂，病人服下后，还没有进行另外的治疗就已经感觉缓解了不少。

或许有人会质疑：明明吃的是无效药物，怎么病情真的能好转呢？其实，关于安慰剂的作用原理目前科学界对它有两种不同的说法。

第一，期待。

当医生对病人说，这个药物对他的病有很好的疗效时，病人对自己身体状况的改善有积极的设想和期待。正是因为有这个期待的存在，病人身体内部会自动调动尽可能多的资源去满足他的这一设想，所以病人可以屏蔽掉疾病带来的痛苦，从而感觉到身体有了明显好转。

在一个实验中，两个受试者都被抹了没有任何效用的药膏，可这一情况他们根本不知道。实验人员随即告知 A 抹的是无效药膏，B 抹的是强效止痛剂。结果显示，被告知抹了止痛剂的 B，其疼痛症状居然减轻了不少，而 A 则毫无反应。

第二，条件反射。

条件反射是指外在刺激引起有机体反应的现象。这个词最早来源于"巴甫洛夫的狗"，本来狗看见食物会分泌出唾液，但看到铃铛则不会。巴甫洛夫经常在喂狗吃食物的时候让铃铛不停地响。时间久了，狗听到铃铛声也会条件反射地流口水。

同样的道理，一个人生病吃药之后，身体康复乃是常理。所以当他吃到像药物一样的安慰剂时，自然会产生条件反射，认为能够帮助改善自己的病情。在此期间，条件反射链被激活，体内的物质发生了改变，进而身体的免疫能力也得到了增强。

普兰特斯·马福德曾说过："当人们完全专注在身体不对劲的地方和症状上，将会使这种状况持续存在。除非他们把注意力从生病转移到健康上，否则疗愈是不会发生的，因为这是吸引力法则。"

以上所有的案例都在告诉我们：在安慰剂效应下，人的心理是可以引导生理的，虽然药物起不到作用，但是"相信自己会康复"的意念可以帮助他们起死回生。总而言之，安慰剂效应就是由一个人的期望、信任、希望和信念产生的心理作用。

安慰剂效应启发我们：在日常生活中，我们一定要保持心态的乐观和平和，这样我们的身体才能舒展通畅。另外，安慰剂效应其实也是把假象带进了真实的世界，我们在与人打交道的时候一定要仔细甄别，以防上当受骗。

沉锚效应：切勿落入先入为主的思维陷阱

1974 年，特韦尔斯基和卡尼曼教授进行了一项关于心理学的实验：

实验人员找来两组受试者，然后把他们各自放在不同的房间，接着实验人员又拿出一个刻度为 0~100 的轮盘，分别放在两组受试者的面前。

第一的受试者转动轮盘之后，指针停在了数字 10 上面。接着实验人员问他们："你们认为非洲国家的数量，在整个联合国所占的实际百分比是大于 10% 还是小于 10% 呢？"

受试者们根据自己的了解，纷纷给出了或高或低的答案。接着实验人员又问他们："你们觉得在联合国成员中，非洲国家的占比实际是多少呢？请把自己认为的答案写在纸上。"

在另外一间房子里，实验人员同样让第二组的受试者转动轮盘，结果他们的指针停在了数字 65 上面。接着实验人员问他们："你认为非洲国家的数量，在整个联合国所占的实际百分比是大于 65% 还是小于 65% 呢？你们觉得非洲国家的数量在整个联合国所占的实际百分比是多少呢？请把心中的答案写在纸上。"

经过一番思考后，第一组和第二组人员分别给出了答案：25% 和

45%。之后两位教授反复思考研究，结果发现两组受试者在做判断的时候都受到了问题中数值的影响：第一组问题中的数值偏低（10%），他们给出的答案就低；第二组问题中的数值偏高（65%），他们给出的答案就高。

对于这个研究成果，两位教授很是激动，他们把这个现象称为"沉锚效应"，即第一个问题中的数值像锚一样把人们的判断给固定住了。具体来说，就是当人们需要对某个事件做定量估测时，会将某些特定数值作为起始值，起始值像锚一样制约着估测值。由此可见，人们在做决策的时候会不自觉地受最初所获得的信息的影响。

如果你是一个心思细腻的人，你会发现在生活中沉锚效应的例子有很多。比如买房的时候中介会先给你看一套性价比极差的房子，让你知道当下的"行情"是什么样的，然后再抛出一套准备已久、性价比较高的房子，这样一对比，你接受的概率就会大大提高。

再比如，当你走进星巴克的店铺时，你会发现显眼的地方通常放着二十来块钱的矿泉水，并且矿泉水的销量也不是很高。这个时候，你会纳闷，为什么矿泉水卖得不好商家还依然愿意把它放在黄金位置呢？其实它是用来给消费者充当决策的参照物的。大家看到小杯的咖啡卖17元，中杯的咖啡卖20元，大杯的咖啡也就卖35元，这些价格和一旁二十几块钱的矿泉水相比，确实也不算贵，于是就毫不犹豫地选择购买。

总而言之，人的行为很容易受到"锚点"影响而做出不同的判断。"沉锚效应"对于人们而言，有引诱误导的负面作用，但是也能正面引导人们积极向上。

秦国丞相李斯早年间担任楚国蔡县一个小小的官吏，一次偶然的机会，他发现厕所里有一些老鼠，它们每天吃不干净的东西，长得瘦弱矮小，而且见了人或者狗之后还被吓得四处逃窜。后来，他进入公家的粮仓，随即发现这里也有一些老鼠，只不过这里的老鼠营养过剩，身体壮硕，而且每天优哉游哉，过得好不快活。

李斯看后感慨地说："一个人贤德或不贤德，就像老鼠那样，看他处在什么环境罢了！"看过老鼠截然不同的两种生活之后，李斯的生命锚点一下子就改变了。从此以后，他背井离乡，投身名家门下，不断刻苦学习，最后终于凭借着自己的才华和努力一举成为帝王家的士大夫。

总之，沉锚效应是一个"陷阱"，用得好，可以为你的人生助力，从而改写自己的命运。当然，一个不小心，你也可能掉进这个"陷阱"里，从而做出错误的判断。那么在日常生活中，我们应该怎么做才能避开沉锚效应呢？

首先，我们要提升自己的认知结构，涉猎各领域的知识，建立相对完备的知识库。有了丰厚的知识托底，你才会有自己独特的见解和判断力，而不至于被别人带跑偏。其次，我们还要保持大脑的清醒和理智，遇事不要太听从自己的感觉，而应该本着一定的思辨精神去分析和判断，这样才能避开别人设置的陷阱。

在熙熙攘攘的街道上，有一位小胡子商人正在卖肥皂。他卖的肥皂非常神奇，只需轻轻一擦，再肮脏的衣服也能立刻变成白色。人们看到这神奇的去污效果，纷纷排队掏钱购买。

后来由于买的人越来越多，人们身上五颜六色的衣服都被染成了白色，就连喜事和白事的队伍也都是一样的颜色。这时，人们才意识到问题的严重性。

忽然，在一片白色衣服的世界里，人们看到一个穿着鲜艳衣服的小姑娘，她一蹦一跳地满街乱跑。人们用惊奇而羡慕的眼神看着她，一直看到她扑进了胡子商人的怀里。大家这才意识到原来他们二人是父女。

第二天，胡子商人的超级肥皂公司改为了超级颜料公司，而渴望衣服绚丽多彩的人们又在他家的公司门口排起了长队。

这是动画短片《超级肥皂》里的故事情节，它用现实的题材讽刺了社会上人们盲目跟风的"一窝蜂"现象。仔细品读，你就会发现它的寓意很深远，值得人们深思和反省。

第五章
真正的思维高手，都在修炼
必备的底层能力

独处，是沉淀自己最好的方式

清代书法家张廷济曾写下过这样一副对联："朱晦翁半日静坐，欧阳子方夜读书。"它的意思是朱熹喜欢花半天时间静坐，以此领悟世间真谛；而欧阳修则喜欢在夜半时分读书，在孤独中充实自己。

这两位思想大家之所以满腹经纶，莫测高深，是因为他们深谙安静独处、静静读书的美妙。当他们远离了外界虚名浮利的诱惑，便能在孤独中静悟生命的智慧。

有人说，独处是一种智慧的沉淀。越会独处的人，境界越高远，越容易活出成功的自己。对此，我深以为然。

周国平说："人们往往把交往看成了一种能力，忽略了独处也是一种能力。并且在一定意义上是比交往更重要的一种能力。"是啊，学会独处是一种了不起的能力。在孤独寂寞的日子里，你不必为人情世故所牵扯，更不用为繁文缛节所困扰，只是静静地厘清自己的思路，从而对事物的发展有了更加清晰的判断，对人生的意义有了更深层次的顿悟。这难道不是大格局者该有的姿态吗？

可在如今这个快节奏的时代里，能够静下心来，与孤独为伴的人已经很少了。因为忍受不了孤独寂寞的生活，所以很多人刻意伪装自己，迎合别人。也有一些人为了能和别人有共同的聊天话题，迫不得已玩起了游戏，看起了综艺；他们为了合群，甚至会违背自己的原则，打破自己的底线，去做一些自己以前不屑做的事情，可到头来，还是过得很不快乐。

在《乌合之众》里有这么一句话："人一到群体中，智商就严重降低，为了获得认同，个体愿意抛弃是非，用智商去换取那份让人备感安全的归属感。"原本你以为千方百计融入集体就会远离孤独，生活得更加恣意潇洒，可不料置身于繁华喧闹的氛围之中，你反而感觉更加压抑，无所适从。而且更可怕的是，你因为盲目融入一个糟糕的圈子，变得更加平庸。

叔本华曾说："只有当一个人独处的时候，他才可以完成自己。"独处是一个人增值的最好时期，当你放弃独处的时刻，盲目合群时，其实已经被平庸同化，走到了淘汰的起点。

俗话说："耐得住寂寞是格局，能够经得起诱惑是境界。"我们要想成为一个有思想有格局的人，就要学会和孤独和解。远离那些众声喧哗的场合吧。心浮气躁、虚度年华是对自己人生不负责的一种体现。在繁忙的生活琐事中，不妨留一些独处的时间雕刻自己，最后你一定会收获一个通透、睿智、充实且有格局的自己。

给自己高定位，才能站得高、看得远

一天，有一个小孩放学回家的时候路过一个工地，他看见这里有 3 个工人正在砌墙。小孩好奇地问他们："你们在干什么呢？"

这时，第一个工人一脸不耐烦地说："没看见我正在砌墙吗？"

接着，第二个工人抬起头来，和蔼可亲地说："孩子，我们正在盖房子呀！"

最后，第三个工人一边哼着歌一边笑着答道："我们在修建一栋很漂亮的建筑，不久之后，你会发现这里多了一个美丽的花园。人们会在这里幸福地生活。说不定你的爸爸妈妈也会带着你住进来呢！"

时间一晃，十年过去了，之前在工地搬砖的 3 个工人也改变了模样。第三个人成了一家拥有 20 个建筑队的大型建筑公司的总经理，第二个人成了这家建筑队的队长，只有第一个人仍是一个只会砌墙的建筑工人。

俗话说："目标格局不同，收获的人生也大不相同。"与第一个装修工人相比，后两个工人的人生目标和思维格局显然更大一些，所以他们爬到的位置肯定比第一个更高一些。

在网络上看过这样一段话：站在山脚下看世界，你只能看到眼前几百米的山石、树影；站在半山腰看世界，你看到刚才挡在你面前的树木已经成为你脚下的风光；站在高山之巅远眺，所有的风景尽收眼底，再没有什么可以阻挡你的视线。人们常说"站得高，看得远"，一个人的目标和思维格局越大，越不会在小事上斤斤计较。

北宋时期有一个大官，名叫吕端。由于为人正直，得罪了朝中很多官员，因此遭到奸人陷害，被贬还乡。

可同乡的那些官吏和豪绅并不知道这一情况，纷纷拿着重金厚礼上门巴结。吕端见状，赶紧和大家说明了真实情况。听到吕端被贬的消息后，这些登门拜访的人立刻翻了脸，甚至还有人出言嘲讽他，说他这辈子也就是一介草民了。

对于这些趋炎附势的人，吕端并没有过多地计较，而是一笑置之，接着就回房读书去了。没过几天，一阵阵马蹄声响彻了乡里，原来御史带着浩浩荡荡的人马来宣读圣旨了。按照皇帝的旨意，吕端又可以恢复宰相的职位了。

这一降一升的旨意彻底把那些官吏和豪绅弄蒙了，他们个个面露尴尬，心中惶恐不已。等御史走后，他们又厚着脸皮来到吕端家里，继续阿谀奉承。院里的书童看不惯这些人丑恶的嘴脸，要把他们赶出去。

这时，吕端出来阻止了他，并且对众人说道："之前我被贬还乡，没有官职，所以大家那样做我也可以理解。如果我官复原职，又可以为百姓们做点事情了，大家都是乡里乡亲的，互相帮衬才对呢！"

至此，大家完全被吕端的胸怀和气度折服了。

一个人有了目标，就有了方向和侧重点，也就有了格局。对吕端而言，他胸有乾坤，自然不会计较眼前的利益得失，所以即便被趋炎附势的人那样对待，他依旧能淡然一笑，继续看书。这是宽容、修养、智慧和格局。

相反，当一个人没有高的人生定位时，他的内心就会被鸡毛蒜皮的小事占据，所以眼界和格局很小，胸怀和气度全无，只会对眼前的小事锱铢必较。

我们要想摆脱平庸，做一个思想高深、格局宽大的人，就需要树立自己的人生目标。首先，你可以先倾听一下自己内心的声音，客观地认识一下自己；其次，问问自己想要的是什么，想成为什么样的人。等弄明白这些之后，你就可以为自己确立一个初步的人生目标。接着围绕这个目标，你会做很多的事情，至于其他无关紧要的小事你都不会看在眼里，当下长远的发展问题才是你重点考虑的对象。此时，你会发现自己的眼界和格局也因此而发生质的变化。

真正的智者，懂得明方向、突重点、抓关键

唐朝时期，安禄山起兵造反，朝廷的军队被打得节节败退。御史中丞张巡奉命援助睢阳，与叛军尹子奇打得不可开交。因为寡不敌众，所以唐军始终未能打败叛军。神箭手南霁云想站在城墙上一箭射死敌军将领尹子奇，以此打乱他们的军心，可他们谁也不认识尹子奇。后来聪明的张巡想到了一个办法，他让城墙上的弓箭手全部都换上秸秆做的箭，往叛军中射去。

叛军士兵看到这些秸秆箭，心中一阵大喜，还以为唐军的箭已经用完，只剩下秸秆了，于是纷纷跑去跟尹子奇汇报。而站在城墙上的张巡等人早已把这一切看得清清楚楚，一下子就摸清楚了尹子奇的位置。于是南霁云赶紧搭弓射箭，一下就射中了尹子奇。受伤后的尹子奇仓皇而逃，而其他叛军看见自己的主将已经跑路，顿时乱成了一锅粥，猝不及防地吃了败仗。

这就是擒贼先擒王的典故。这个故事告诉我们：要想彻底解决问题，就要先抓住关键。倘若眉毛胡子一把抓，很容易吃力不讨好，最后即便付出很大的精力和时间，也未必能如愿完成事情。

有一个公司的电机出现了故障，但就是这样一个小小的故障就导致整条生产线都处于瘫痪的状态。为了早点投入运行，减少公司停产的损失，领导调动所有技术工人前去查找原因，结果一无所获。无奈之下，领导只能找来一位电机工程师前来维修。那位工程师一连在电机旁边待了三天三夜，最后在这台电机的某个部位画了一个圈。然后他围绕这个故障点很快展开维修，不久之后问题解决了，这台电机又恢复了正常的工作状态。

事后，那位工程师向公司领导索要 1 万美金的报酬。这巨额报酬一下子惊呆了领导层，他们还以为工程师在开玩笑，纷纷表示："你不就是在有故障的电机上画了一个圈吗？怎么就值 1 万美元呢？"工程师一脸认真地说道："1 美元是画出故障，9999 美元是知道在哪儿找到故障。"公司领导听了这句话，很服气地支付了这笔钱。

俗话说："擒贼先擒王，打蛇打七寸。"能不能找到事情的关键点非常重要，它直接影响办事的效率。在上面故事里，技术工人找不到问题的关键，抓不住重点，只能像无头苍蝇般到处乱撞，根本解决不了问题。只有工程师一语中的，抓住了问题的关键点，所以才能及时有效地解决这个麻烦。

换句话说，要想提高办事效率，我们一定要懂得明方向、突重点、抓关键。作为普通人，我们应该如何做才能稳准狠地"命中要害"呢？主要包括以下两点。

第一，抓住"牵一发而动全身"的地方。

任何一件事都有一个矛盾的交会点，解决了它，其他问题就迎刃而解。

战国时期，赵国都城邯郸遭遇魏国的围攻。情急之下，魏王赶紧命人带上钱财和求救信去齐国求援。齐王随即任命田忌为将，孙膑为军师，率军 8 万前往赵国救援。这时军师孙膑却认为要想解开这杂乱纠纷就要先向魏国都城施压，这里才是魏国的根本所在。这个时候魏国的精兵都在攻打赵国，都城必定空虚。倘若我们直奔魏国都城，攻打其虚弱的地方，那么魏军一定担惊受怕，放弃攻打赵国而撤兵自救。

一切事物、现象、过程之间都相互影响、相互作用和相互制约。如果能抓住这种联系的主要节点，便可牵一发而动全身。在这个案例中，军师孙膑正是使用了这个策略，才实现了围魏救赵的目的。

第二，考虑问题从利害关系出发。

一家宾馆的电梯坏了，然后他们找了一个电梯维修公司，签订合作明细准备实施维修。经过一番细致的检查后，电梯维修公司决定 5 天后过来维修，并且维修的时间长达 12 个小时以上。宾馆经理看见维修时间拖得这么长就不乐意了。目前正是他们的旺季，电梯一旦得不到及时维修，那么宾馆的损失会很大。

电梯维修公司几次派人和谈，但均被这位宾馆经理拒绝了。后来，公司又派了一位老员工前来交涉，到了经理的办公室后，只听这位老员工说道："经理，我知道现在是你们宾馆营业的黄金时期，这个时间电梯坏了可能会承受一定的经济损失。可经过我们检查发现，电梯出现的问题比较大，需要做一个全面的检查，这不是在短时间内就能修好的，所以需要您给我们一点时间。假如我们为了赶时间，敷衍了事地给您把问题处理了，那一定会埋下安全隐患，到时候有人坐这个电梯出了事，您不一样还得承担责任吗？"

经理一听他说的话也觉得有道理，最后只能无奈地同意了。

在上面这个故事中，宾馆经理的利益点才是问题的核心，所以这个老员工在谈判的时候专门从利害关系分析，这才一下子点到了对方的"穴位"，从而使问题得到顺利地解决。

前瞻力：见微知著，由此及彼

商朝时期，纣王生活奢侈、荒淫无度，激起了百姓的愤慨。一天，他又命人用象牙做了一双筷子。他的叔父箕子见了大感不妙，觉得朝廷这是要衰败了。后来，纣王又在半夜饮酒作乐，第二天，他竟然把上朝的时间也给忘了。箕子苦心劝谏，但是纣王根本听不进去，依旧维持着他纵情享乐的奢靡生活。

箕子见纣王毫无悔改之意，心里特别失望，他从这些小细节就可以看出商朝的气数已尽，离灭亡的时间不远了。为了避免灾祸殃及自身，他赶紧逃到了朝鲜。后来，箕子的担忧果然应验了，周武王很快就消灭了商纣王，建立了新的朝廷。

《韩非子·说林上》言："圣人见微以知萌，见端以知末，故见象箸而怖，知天下不足也。"意思是聪明的人只要看到一点点微小的事物就能知道事物的苗头；看到事情的开端，便知道最终的结果。所以，箕子当年就是看到象牙筷之后开始内心恐慌的，因为他知道纣王的贪欲实在是太大了，就算是普天之下的好东西都满足不了他。

真正的思维高手，都有这种见微知著，预知未来的本领。他们从观察到的一点微小的事物就可以推断出一个人人品的好坏，或者未来事物的走向，从而为自己今后的活动做好准备。

一次，假日酒店的创始人威尔逊参加了一场公司内部组织的聚餐活动。在这次活动中，一位员工因为高度近视，不小心把橘子当成了苹果，没有剥皮直接上来就啃了一口。这一举动引得众人哄堂大笑。而这个近视眼的员工为了掩饰尴尬的情绪，只能假装不在意，继续把嘴里的橘子皮吞进了肚子里。

第二天，威尔逊又召集大家一起聚餐。这一次，他还准备了和昨天一样的水果。不过，这一次的橘子不再是原来的橘子，而是仿真橘子，这种仿真橘子吃起来又香又甜，味道非常好。

聚餐活动进行了一半，威尔逊突然拿起桌上的橘子，像昨天那个员工一样一口咬下去。众人不知道他吃的是仿真橘子，心里有点吃惊。不过，大家看见领导都这样吃了，都纷纷效法起来。等到橘子进了嘴里，大家才反应过来：原来这不是真的橘子。

正当大家吃得开心时，威尔逊突然宣布了一个重要的决定："从明天开始，艾拉就是我的助理了！"此话一出，众人皆惊掉了下巴。

看着大家疑惑不解的脸，威尔逊笑着解释道："昨天有人因为误食了一个橘子而招来满堂笑话，但艾拉是唯一一个没有嘲笑他的人，反而贴心地为他送上一杯果汁。今天，我又重复了同样的错误，艾拉又是唯一一个没有模仿我的人。这样一个体贴同事且不盲目追随领导的人，简直是最合适的助理人选。"

一个人的细微动作往往体现他的内心活动，以及人品的高低。威尔逊能够见微知著，从一些自然流露的细节中识别人才，可以说是一位观察力很强且有见地的领导。

作为一个普通人，我们应该如何培养自己见微知著的前瞻性能力呢？主要包括以下三点。

第一，站在全局的角度看待事物。

俗话说："一叶蔽目，不见泰山。"如果我们只是从某个侧面看问题，很容易得出片面的结论。只有站在全局的角度，才能做出相对正确的判断。比如，你跟一个人下棋的时候，你看到他的脸上不经意间透露出一丝狡诈的笑容，那么这个微小的动作意味着什么呢？这就要站在他的角度，全盘考虑他的棋局，这样才能准确判断他的用意。

第二，学会用联系和发展的眼光看问题。

马克思的唯物辩证法认为，世界任何事物都处于普遍联系之中，普遍联系引起事物的运动发展。所以，我们要想提升自己决策的预见性和前瞻性，就要先考虑事物的内在联系和外在联系，横向联系和纵向联系。比如，当你有一天发现，一只小小的水母要急匆匆地奔向大海深处，试图让自己躲起来的时候，你可以从这个小小的举动推断出海上可能要有一场大风暴了。为什么这样说呢？因为二者之间有千丝万缕的联系。在水母的内耳有一个小小的石头叫听石，空气和海洋因剧烈摩擦而产生的 8～13 赫兹的声波振动了这块听石，听石再把振动传给水母耳壁内的神经感受器，水母就听到了次声波传来的风暴警告。

事物总是在不断地发展变化，所以我们在通过微小事物预测未来的时候，也要以发展的眼光来思考问题。这样才能保证推测出来的结论是正确的。

第三，增强自己对世间事物本质的认知。

春秋时期，吴国有一个名叫季札的高人。他仁德宽厚，知书达理，很受人们的喜欢。不过更令大家感到敬佩的是，他有准确预知事物发展的能力。

一次，他出使鲁国的时候，鲁王为他准备了一场盛大的迎接仪式。在此期间，他听到了22个诸侯国的乐曲。听完《郑风》，他这样说道："政令过分繁琐，郑国恐怕要率先亡国吧。"听完曲调雄浑开阔的《齐风》，他这样说道："这样的乐曲才能彰显大国之风啊，这一定是姜太公创建的齐国吧？这个国家未来了不起啊！"听完《秦风》之后，他是这样说的："这个国家前途无量啊，大到一定程度，恐怕能与周王朝的鼎盛时期相当了。"

果然，随着时间的推移，季札当时的预言都一一应验了。后来，他还劝齐国大夫晏婴交出官职和封地保命，后来晏婴照做，果然在齐国爆发四族之乱时保全了自身的性命。

为什么季札的前瞻性这么好，他凭什么通过一段简短的音乐就能预测一个国家的未来呢？其实最根本的原因就是他对人生和社会的本质规律有深入的了解。

最后，我们还需要养成善于观察的习惯，这样一个小小的现象也逃不出我们的"法眼"。除此之外，我们还要积极学习，开阔自己的视野，这样才能透过小问题来看出背后的大矛盾，从而为自己做出正确的规划。

兼听则明：集思广益才能拓宽自己的思维

魏徵是唐朝时期有名的一位谏臣。他才华横溢，为人正直，早期在给隐太子李建成担任幕僚的时候，就劝谏他把李世民安排到别的地方去。可李建成没有当一回事，后来发生玄武门之变，李建成惨死。

之后，李世民质问魏徵为何要挑拨他们兄弟之间的关系。魏徵直言不讳地说："太子当时要是听了我的劝告，就没有如今这凄惨的下场了。"

李世民登基之后，觉得魏徵是可用之才，所以不计前嫌，继续委以重任。

有一次，李世民询问魏徵说："我作为一国之主，该怎么做才能明辨是非，不被奸人所骗呢？"魏徵答道："作为君主，如果一味偏听偏信，就很容易被他人的言论蒙蔽双眼，做出错误的判断。你只有广泛地听取意见，采纳正确的主张，才能了解民众的情况，及时掌握作恶之人的动向。"李世民听后深以为然，并且鼓励朝廷大臣多多谏言献策。

后来，李世民在制定大唐未来的施政方针时拿不定主意，于是召集群臣一起商议。

魏徵慷慨陈词，说出了自己的一番见解："我朝刚刚结束纷乱的局面，这个时候饱经乱世之苦的百姓很容易教化。至于能不能教得好，关键还是要看皇帝自己。躬行帝道则成就帝业，躬行王道则成就王业，一切都取决于人君的努力。自古以来天下大乱之后，总能缔造太平盛世。那个时候的人们淳朴善良，很有教养，难道后面的人就不可以这样了吗？"

李世民听了魏徵的话，决定采用王道治国，后来终于开创了名垂青史的"贞观之治"。

俗话说："智者千虑，必有一失；愚者千虑，必有一得。"一个人的时间和精力，以及知识和见闻都是有限的，所以我们不可能事事都做出正确的决定。这个时候群策群力、集思广益是一个非常明智的做法。当大家畅所欲言，各自发表意见后，你的思维一下子就变得开阔，看问题也更加全面，因此办事效率也大大提高。

《众人划桨开大船》这首歌里有这样一句歌词："一支竹篙耶，难渡汪洋海；众人划桨哟，开动大帆船；一棵小树耶，弱不禁风雨；百里森林哟，并肩耐岁寒。"歌词里透露着团队协作的重要性。同样的道理，我们要想做成某一件事情，也要集思广益，这样才能拓宽我们的思维和视野，从而为有效解决问题创造可能。

那么在工作和学习中，我们应该怎么做才能更好地集思广益，把大家的智慧都融合在一起呢？主要包括以下三点。

第一，允许参与者畅所欲言。

在发言的过程中，我们不要打断大家的发言，也不要对大家的发言做过多的评判，以免挫伤大家发言的积极性。

第二，对于那些与众不同的观点给予鼓励。

在头脑风暴的过程中，有些人的发言冗长无序，且没有什么利用价值，但也有一些人的发言标新立异、与众不同，对于事情的解决很有参考价值。这个时候我们就要鼓励大家多多发表一些自己独特的见解，这样才能贡献出更多解决问题的思路。

第三，鼓励大家补充和改进意见。

一个人的智慧和知识是有限的，所以这个时候我们要鼓励大家都站出来，完善某个人所提供的想法，或者补充他人的设想，抑或是将众人的设想综合起来提出新的设想。

最后提醒大家，在群策群力、收集意见的时候，切不可使用一些"扼杀性的词语"，否则大家会因为害怕说错话而精神紧绷，闭口不言。

情绪稳定，是一个思考者顶级的魅力

东晋时期，有一个名叫王述的人，能力非凡，官运亨通，一直做到了将军、尚书令的职位。但就是这样一个智商和能力超群的人发起怒来，却也会败给一个煮熟的鸡蛋。

王述在饭桌上吃鸡蛋，但是那个鸡蛋左夹右夹，就是夹不起来。夹得次数多了，王述的心里就越发急躁，一着急就把鸡蛋扔在了地上。被丢在地上的鸡蛋，不仅没有碎，而且还呲溜溜打转，好像在得意扬扬地挑衅王述。这下王述更加恼火了，上去就踩了一脚，但是他这一脚不仅没踩着鸡蛋，还差点把脚崴了。怒火攻心的王述一把抓起这个可恶的鸡蛋，一口咬在嘴里，狠狠地把它嚼了个稀烂，然后全部吐出去，这才消了他对鸡蛋的恨意。

看看，当一个人不能控制自己的负面情绪时，竟然连一个没智商的鸡蛋都对付不了，更别提思考对策，解决其他问题了。

实际上，情绪不稳定并不是某个人的专利。在日常生活中，我们作为一个普通人也经常经历像王述那般滑稽的闹剧。

比如和别人发生纷争时，我们经常会有这样糟糕的感受：头脑激动，情绪紧张，心情愤怒，委屈的眼泪止不住地吧嗒吧嗒往下掉。当我们还想据理力争的时候，声音也变成了哭腔。还想继续搜肠刮肚，挽回颜面时，却发现自己思维混乱，嘴巴里一个词都蹦不出来。事后，等我们躺在床上冷静下来时，我们才会懊恼地对自己说："当时我就应该这么说啊！"

很多人都有这种"吵架没有发挥好"的糟糕体验。那么为什么当时的我们不能思路清晰，伶牙俐齿地怼回去呢？其实根本原因还是情绪失控。当你被各种负面情绪牢牢掌控时，大脑一片空白，思维也非常混乱繁杂，根本没有能力流畅地说话。

有人说："负面的情绪就是一个人的地狱，而稳定的情绪才是一个人的天堂。"对此我深以为然。

一天，一位酷爱武术的武士向禅师请教了一个问题："大师，什么是地狱？什么又是极乐世界呢？"禅师随即怒斥道："你一介粗俗莽撞的武夫，不配在这里讨论这个。"武士一听当即怒火中烧，扬言要砍了无理的禅师。这时，禅师冷静地说道："你看，这就是地狱。"武士随即反应过来，他快速放下自己手里的刀，然后恭恭敬敬地向禅师鞠了个躬，表达了自己的谢意。禅师看着顿悟了的武士，高兴地说道："此为极乐世界。"

负面情绪如同一颗定时炸弹，它可以摧毁一个人的心情，也可以分散他的注意力，更可以干扰他正常的思维，还会指使他做一些过激的行为。因此，我们要想避免这些糟糕的体验，那就得努力调整自己的情绪，只有保证自己的情绪稳定，才能正常思考问题，才能更有效率地处理问题。

拿破仑曾说："能控制好自己情绪的人，比能拿下一座城池的将军更伟大。"情绪稳定是一个人的顶级修养和能力。我们只有控制住自己的情绪，才能更好地思考解决问题的办法，才能把全部的注意力聚焦在要解决的事情上。

那么，我们怎么做才能调节自己的情绪呢？以下是三个可行的建议。

第一，冷却处理。

科学研究表明，当人受到某些事物的刺激后，主管情绪的人脑边缘系统就会发作，而 6 秒之后，大脑皮层才能做出认知处理。换句话说，情绪脑转化为理智脑需要一定的时间。因此，当我们被愤怒、恐惧、尴尬等情绪控制的时候，我们要先给自己一点"冷却"的时间，等过一会儿，负面情绪就会有所缓解，这时就可以冷静思考问题了。

第二，合理宣泄自己的情绪。

当你被负面情绪干扰时，你可以通过大喊、哭泣、奔跑、倾诉等方式加以宣泄，这样这些坏情绪才不会积压在心里，从而产生一系列负面的影响。当你把情绪宣泄完之后，你就可以理智地思考问题、解决问题了。

第三，积极看待周围的事物。

我们对待事物不要只看到坏的一面，也要看到它积极的一面。比如，当你出门办事的时候，发现下着很大的雨，而且地上的泥巴也把干干净净的裤子和鞋子弄脏了。这时，你看着狼狈的自己心里十分难受，也根本没有心思做原本想做的事情了。这个时候，你不妨换个角度思考一下：一下雨，周围的空气就很清新，闻着倍感舒适，这真是大大改善了我们的环境质量。这样一想，之前不好的情绪就不会干扰到你了。

总而言之，负面情绪是影响我们深入思考的一大障碍。我们只有想方设法把情绪的问题解决了，才能全身心地投入思考，减少精力的消耗，从而聚焦在我们的工作与生活上。

聪明人必备的思维能力：换位思考

战国时期，秦国趁赵国政权交替之机，大举攻赵。掌权的赵太后紧急向齐国求救，可齐国非要把长安君作为人质，才愿意发兵救援。而长安君可是赵太后最喜欢的儿子，被当作人质，她肯定不愿意。在国家的危急存亡关头，众大臣都极力劝谏，可赵太后依旧很固执，并且还告诉身边的人，以后谁再说让长安君做人质，她一定唾他一脸。

在这个剑拔弩张的情况下，老臣触龙拜见了赵太后。在谈判一开始，聪明的触龙并没有直接提要求，而是关切询问赵太后的饮食起居，并絮絮叨叨地说起了自己的养生之道。这些话题很快打消了赵太后的敌意，使她放松了戒备。接着，触龙又拿自己的儿子说事，他想用为儿子谋职的事情勾起太后的爱子之情。赵太后见男人也这样心疼自己的孩子，不由产生了共鸣。

爱子的话题铺垫好之后，触龙抓紧时机抛出"父母爱子，为之计深远"的观点，并且真诚地对赵太后说："长安君目前俸禄优厚，却没有为国家做贡献，这样下去未来的势力必不稳定。比起短暂的疼爱，您应该为他的长远做打算。"赵太后被他诚恳的言辞说动了，最后同意让自己的儿子当人质。

在上面这个故事中，触龙之所以能成功完成游说任务，有一个很重要的原因，那就是他能换位思考，站在赵太后的立场上为她分析利弊，这才使得赵太后改变了原来固执的想法。

换位思考是一种非常有益的思维方式，具体是指将自己置身于对方的立场和视角，去体验对方的内心感受。将心比心、设身处地是达成理解不可缺少的心理机制。如果我们在为人处世的过程中能够与对方角色互换，将心比心，那么不仅能拓宽自己的思维格局，还能让自己很好地理解他人，从而快速达成自己的心愿。

拿破仑·希尔有一回在报纸上刊登了一则招聘广告，信息显示他想要招聘一位秘书，一起协助自己完成工作。人们看到能与这位成功学励志专家共事的机会，纷纷跃跃欲试。

然而看着像雪片一般的回信，拿破仑·希尔却高兴不起来，因为大部分回信的内容都是这样的模式："我看到您在报纸上招聘秘书的广告，我希望可以应征到这个职位，我今年某岁，毕业于某学校，我如果能荣幸被您选中，一定兢兢业业。"

正当他觉得没有希望准备放弃之时，突然一封特别的回信映入他的眼帘：

"敬启者：您所刊登的广告一定会引来成百乃至上千封求职信，而我相信您的工作一定特别繁忙，根本没有足够的时间来认真阅读。

因此，您只需轻轻拨一下这个电话，我很乐意过来帮助您整理信件，以节省您宝贵的时间。您丝毫不必怀疑我的工作能力与质量，因为我已经有 15 年的秘书工作经验。"

后来，毫无意外，这位脱颖而出的回信者成功担任了拿破仑·希尔的秘书。

读完这两种回信，大家可以很明显看出这样一个问题：前面的应聘者都是站在自己的角度上写的，而后面的应聘者则是站在拿破仑·希尔的角度上写的。"没有足够时间来认真阅读""节省您宝贵的时间""我已经有十五年的秘书工作经验"这些话都是拿破仑·希尔在意的问题，所以他一下子就相中了这个写信的应聘者。

每个人都有被他人理解和认可的需求。所以在人际交往中，我们应该先尝试着走入对方的世界，从他人的角度思考问题，这样才会起到事半功倍的效果。那么如何做到真正的换位思考呢？主要具备以下两点。

首先，我们要培养自己的共情能力。

《天才在左疯子在右》一书里有这样一个小故事：

医院有个精神病人，总感觉自己是一个蘑菇。因为有了这样的自我定位，这个"蘑菇"老是不吃不喝，没日没夜地蹲在角落里。

负责治疗他的医生和护士好几次把他从角落里拖走，可还没过多久他又重新回到了原位。对于这个执念过深的"蘑菇"，大家表示无能为力。

有一天，医院里来了一个心理医生。他举着伞，也像那个病人一样蹲在了墙角。病人见状好奇地问："你是谁啊？"医生回答："我也是一只小蘑菇呀！"病人听后高兴地点点头。

过了一会儿，这位心理医生在病人的周围走来走去，病人就好奇地问他："你不是一个蘑菇吗？怎么可以走来走去呢？"

心理医生回答说："蘑菇也可以走来走去呀！"医生理直气壮的样子一下子说服了病人，病人也跟着他走来走去。没过多久，心理医生又拿着一块汉堡包出现在了病人跟前，这一次还是熟悉的套路、熟悉的"配方"，病人这次也被医生说服，然后开始吃东西。

几个星期后的一天，病人在心理医生的引导下，终于可以像正常人一样生活了。虽然那个时候的他依旧觉得自己是一个蘑菇，但起码饮食起居不再让人操心了。

上面这个故事中的心理医生就是站在病人的角度与其共情的。因为二者有着共同的体验，共同的心理，所以很快实现了心灵的沟通。

共情是一种很了不起的能力。有了这种能力，我们就能看透别人的内心和灵魂，知道他们的想法，感受到他们的情绪。

其次，我们要克制自己主观评论的欲望。

庄子和惠子一起在濠水的桥上游玩。庄子说："鲦鱼在河水中游得多么悠闲自得，这是鱼的快乐啊。"

惠子说："你不是鱼，怎么知道鱼的快乐呢？"

庄子说："你不是我，你怎么能知道我不知道鱼的快乐呢？"

惠子说："我不是你，固然不知道你是否知道鱼的快乐；但你本来就不是鱼，你不知道鱼的快乐，这是完全确定的。"

庄子说："请从我们最初的话题说起。当你说'你哪里知道鱼的快乐'的时候，你已经知道我知道鱼快乐而问我。我是在濠水的桥上知道的。"

我们每个人都有先入为主的体验，对于某件事情总有自己的看法，并且固守着自己认为对的东西绝不动摇。其实这样做是不对的，每个人想问题的角度都是不一样的，所以我们要承认这一点，先认真听听别人怎么说，然后根据别人的想法再调整自己说话的策略，这样才能与人深度共鸣。

总之，换位思考是高效沟通的基石，也是思维高手必备的一种能力。我们只有多站在对方的角度思考问题，才能根据预判制订更优化的沟通协作方式。

自信沉稳，是一个智者最耀眼的标签

巴黎的埃菲尔铁塔是世界闻名的地标建筑，当时一建成就惊艳了世人。不过大家不知道的是，这个伟大的建筑在初建之时曾遭受巨大的阻力，差点无缘与世人相见。

当时，这项工程刚刚敲定就遭到社会各界人士的反对，很多社会名流联合群众一起抵制这个项目，而且还签订了《反对修建巴黎铁塔》的抗议书。而反对的理由大多是觉得它非常丑陋。他们觉得这个巨大的黑色"工厂烟囱"将会影响巴黎圣母院、卢浮宫、凯旋门等著名的建筑物，会把巴黎的建筑艺术风格破坏殆尽；也有一位数学教授认为，这个建筑盖到一定的高度会轰然倒塌；还有部分专家觉得铁塔上面的灯光会杀死塞纳河中的鱼。

总之，当时抗议的声音很大，市政府承受了很多压力。不过这个建筑的设计者埃菲尔并没有过多地理睬这些反对声音，他坚定地认为自己设计的建筑一定会是一项了不起的工程。为此，他刻苦钻研，大胆革新，仅设计图纸就多达5000张。"功夫不负有心人"，后来埃菲尔铁塔如期完成。人们望着这座高达300多米的伟大建筑赞叹不已，就连之前持强烈反对意见的莫泊桑也说："这里是整个巴黎唯一看不到那个丑陋的金属怪物的地方。"

自信沉稳是一个人面对困难和挑战的一柄利器，也是一个人进行正常思维活动的重要前提。如果没有自信的支撑，也许埃菲尔会淹没在众人的反对声中惶惶不可终日，从而无法集中精力完成这样一项艰难而伟大的任务。

俗话说："成功从自信开始，自信是成功的基石。"一个真正的思维高手，在迎接挑战的时候一定对自己的能力有十足的底气。而这种发自内心的自我肯定不仅可以激发他的勇气和行动力，也能激发他身上的智慧，从而使得其内在的潜能被很好地调动起来。正因为如此，自信的人遇事才能冷静思考，沉着应对。

春秋时期，齐国使臣晏子在出使楚国的时候遭到楚王的刁难。在他入城的时候，楚王故意命人将大门关闭，只打开了一旁的小门。晏子正感到疑惑，一旁的守城将士却说："我们国家有个规矩，大个子的人从大门里进，小个子的人从小门里进。"晏子明白这是楚王想借此机会羞辱自己，于是他走到小洞前上下打量了一番，然后不慌不忙地说道："这是狗洞，不是城门啊。我们齐国也有一个规矩：只有出使狗国的人，才从狗洞里钻进去呢！"

看着晏子不好对付，于是守卫赶紧把这事告诉了楚王，楚王见没有讨到便宜，于是不得不把大门打开，请晏子走进去。后来，在拜见楚王的时候，晏子又遭受了楚王的刁难："你们齐国是没人了吗？"

晏子淡定地回应道："我们齐国人多得可以哈气成云、挥汗成雨，人们走在路上摩肩接踵，陛下您怎么能说齐国没人呢？"

楚王接着反问道："那为什么会派你这么矮小的人担任使者呢？"

晏子笑着回答道："我们齐国派遣使臣有个规矩：出使礼仪之邦就选德高望重的上等人；出使粗野无礼的国家，就选矮小无能的下等人。晏子无德无能，没有出息，所以就派到您这儿来了。"

楚王见晏子能言善辩，还是讨不到便宜很不甘心。于是，他又命令士兵拖着一个犯人从这里经过。楚王故意问道："这是哪里的犯人呢？他犯了什么事呢？"士兵回答道："这是齐国人，犯了偷盗的罪名。"

于是楚王又借机羞辱晏子，问道："你们齐国人是不是都很喜欢偷东西？"

晏子转过身来，一脸严肃地说道："橘树生长在淮河以南就长出了橘子，生长在淮河以北就长成了枳树。它们二者之间只有叶子相似，味道却天差地别。这南北的水土还真是不一样啊！这个人在齐国的时候好好的，一到楚国就犯偷盗之罪，莫不是楚国的水土使人喜欢偷盗？"楚王见晏子言辞犀利，不好对付，反而转变了自己的态度，对他客气起来。

从上面这几段经典的对话中，我们可以看出晏子说话思路清晰，头脑灵活，字字珠玑，表现出众，完全展现了一个大国使臣该有的自信和风范。对于楚王的数次侮辱，他自信十足，没有一点畏惧，凭借着自信和睿智，既维护了齐国的尊严，又消灭了对手的嚣张气焰。

萧伯纳说过："有信心的人，可以化渺小为伟大，化平庸为神奇。"自信是一种很了不起的能力。埃菲尔因为有了自信，所以能不顾众人的非议，专心致志地为巴黎设计了一座意义非凡的建筑；晏子因为自信，所以才能在受到侮辱时气定神闲，思路清晰，没有被对方的言语攻击搞得方寸大乱。

我们在日常生活中也要不断学习新的技能，增加丰富的知识储备，从而为自己说话做事增加一定的底气。与此同时，我们也要保持乐观的心态，积极自信地面对需要解决的问题，这样遇事才不会思维混乱，手足无措。

第六章
突破思维局限，助力思维升级

感悟人生"六 jing"

净 —— 净化自己，空杯心态

空杯心态是一种谦虚和大气，其实只有真正放下才能真正崛起，才能涅槃重生；当我们在一个全新的行业当中，那过去的荣誉与成就，都必将归零。人生最难的不是失败，而是失败后一直放不下自己曾经拥有的一切而不敢面对。稻盛和夫曾经说过："能困住你的一定不是监狱，而是你的大脑。"所以，当你没有空杯心态没有净化自身，那么你很难会让自己的人生价值得到真正的升华。

静 —— 平心静气

《庄子》中说："水静犹明，而况精神，圣人之心静乎！天地之鉴也，万物之镜也。"

或许我们的生活过得很烦躁，时不时就被一些鸡毛蒜皮的小事惹生气，而外面的灯红酒绿又让自己浮躁起来，这些年来是不是一直都在奔波，却什么都没干成。就是因为自己内心太过于浮躁，静不下心来去专注一件事，所以才一无所成。真正成功者必定是遇事不急不躁，理性分析，冷静处事，最终得偿所愿。所以心静，是人生修养中最高的境界！

敬 —— 敬畏之心

一个人心存敬畏，那么必然"心正意诚，言有所归，行有所止"。心存敬畏之心就像一根底线时刻在警示我们，做事情要对得起我们的良心。从而让我们树立正确的世界观、人生观与价值观。对世界万物都需有一颗敬畏之心，不可无所畏惧地行事做人。要懂得敬天：遵循宇宙的规律与实物的本质而去选择去奋斗，成功必定事半功倍。要懂得敬地：都称大地为母亲，就需要包容万物，放大格局，改变思维，人生将会不可思议。

镜 —— 向内求

王安石《礼乐论》中说："圣人内求，世人外求。内求者乐得其性，外求者乐得其欲。"其实，人生就好比自己照镜子！你对它笑，它对你笑，你对它愤怒，它对你愤怒……这也反映了生活中的人性的一面，向外求的人，内心往往是极度自私、恐惧、不自信、不相信、自我怀疑的；而向内求的人，内心足够强大，格局大，眼光远，由内散发出自信。当你出现负面情绪时，内心铭记一句话"世界上永远没有不好的别人，只有不好的自己"，时刻提醒自己，学会自我审视，自我改变，自我学习，自我总结，不断提升、不断修炼自己，才能成就未来那个内心强大的自己。

境 —— 环境

人是环境产物，跟什么样的人在一起就会成为什么样的人。穷人只会教会你如何节衣缩食，小人只会教会你坑蒙拐骗，牌友只会催你打牌，酒友只会催你干杯，而成功的人会教会你如何成功！所以，限制你发展的不是你的智商和学历，而是你的生活圈和工作圈，以及你身边的朋友。所以，人生最大的运气不是捡钱不是中奖，而是有人愿意花时间去指引你，帮助你，开阔你的眼界，纠正你的格局，给你正能量的人！这必然是你的贵人，所以环境改变人的一生，圈子改变你的命运。

境 —— 境界

人的一生无非是一次有来无回的体验，如果前五个"jing"都能做到，那么此生所追求的必定不是金钱与名利。有一定高度、深度与宽度的人，在日常生活中他们的思想觉悟和精神修养都是与常人不同，可作为家庭、公司、行业、圈层界的核心价值精神领袖，所以，一个人的经历和悟性最终决定了他的人生境界。

保持空杯心态，将已知知识消化清零

篮球运动刚诞生的时候，篮板上钉的是真正的篮子。每当一个球投进去的时候，就需要有专门的人踩着梯子把球拿出来。这样一来非常麻烦，这断断续续的捡球举动严重影响人们比赛的激情，也减少了激烈紧张的现场氛围。

那么，如何让比赛流畅进行呢？大家想了很多的办法都没能顺利解决取球难的问题。这时，一位发明家建议人们在上面安装一个机器，然后让机器在需要的时候把篮子里的球弹出来。这个建议虽然比踩梯子进步了一点，但它还是会断断续续地影响紧张激烈的比拼。

有一天，一位父亲带着儿子来到球场观看比赛。小孩看着捡球员一次次地从上面取球，觉得怪累的，于是随口问了一句："你们为什么不把篮子的底去掉呢？"小孩子的话一下子点醒了众人，困扰大家良久的难题竟然被小孩三言两语解决了。

这么简单的办法为什么事先没有大人想到呢？大人的头脑为什么还没有一个孩子灵活呢？其实，很多时候是因为我们知道得太多了，脑子里装的东西多反而会受条条框框的限制，让自己的思维走进了死胡同。

　　从前，有一户人家打算离开乡村搬到城里居住。夫妻二人带着一个 5 岁的孩子，兜兜转转在城里走了一天也没有找到合适的住处。等到快要天黑的时候才看到一张公寓出租的广告。他们欣喜若狂地敲响了房东的门，可当房东看到一家三口都要住进来的时候，她坚定地拒绝了他们，因为她的这栋公寓不招有小孩的住户。丈夫和妻子还想竭力争取一下，可不管他们怎么说，房东始终都不同意。

　　这个 5 岁的小孩看着父母艰难的交涉过程，小脑袋里不停地想：难道真的没有办法了吗？想了一会儿，他再次敲响了房东的门，父母惊讶地看着他，一脸的不可思议。小男孩看到房东出来之后，附在他的耳边说了几句悄悄话，房东便大笑起来，随后便同意他们入住进来。

　　后来，他的父母才知道，原来小孩是这样跟房东交涉的，他说："阿姨，这个房子我租了。我没有孩子，我带着两个大人。"

　　随着年龄的增长，人的知识和经历会越来越多，思维也变得越来越复杂。当问题出现的时候，我们的想法也会变得狭隘而单一。但小孩子不一样，他是一张洁白无瑕的纸，可以根据当下的环境天马行空地幻想，最后他打破了传统的思维定式，把父母带孩子换成了孩子带父母，这样就"狡猾"地逃过了房东制定的规矩。房东看见孩子如此机灵可爱，也改变了原来的想法，接纳了这一家人。

　　从上面这个故事就可以看出来，一个人懂得越多越容易缺乏想象力和创造力。这个时候，我们的思维就会严重受限。所以，要想打破这一魔咒，我们就要保持空杯心态，清空过去的所学所知，这样才能脱离固有的思维定式，在想象的世界里自由驰骋，从而迸发出不一样的思维火花。

做一个穿越时空的旅行者

在陆游的《游山西村》里有这样两句经典的话："山重水复疑无路，柳暗花明又一村。"这告诉我们，在遇到困难的时候一种办法不行，可以用另一种办法去解决，通过不断探索总会找到出路。

同样的道理，在现实生活中，当我们的思维走进死胡同的时候，不妨从多个维度出发，去寻找可行的答案。主要包括以下两个维度。

第一，时间维度。

1863 年 11 月 19 日，林肯在宾夕法尼亚州的葛底斯堡国家公墓揭幕式上发表了一次意义非凡的演讲。

"87 年前，我们的祖先在这片大陆上建立了一个国家，它孕育了自由，并且献身于一种理念，即所有人都是生来平等的。"

"当前，我们正在从事一次伟大的内战，我们在考验，究竟这个国家，或任何一个有这种主张和信仰的国家，是否能长久存在。"

"我们应该在此献身于我们面前所留存的伟大工作，要使那民有、民治、民享的政府不致从地球上消失。"

在上面这三段演讲里，我们可以看出林肯分别从过去、当下、未来这三个时间维度来构思整个演讲。

当时，葛底斯堡战役刚刚结束，战后士兵死伤无数，国力损耗不少。因此他的首要任务便是先安抚当时的美国人民，然后引导大家团结一致地投入国家未来的建设中。为了达成这一目标，首先，他回顾了一下过去（87年前），告诉美国人民，我们同宗同源，人人平等，所以没有道理不团结；其次，他又分析了一下当前战争的意义所在，以此缅怀在这场战役中阵亡的将军和士兵们；最后，他又展望了一下未来，号召人们团结一致，共同为国家美好的未来贡献自己的力量。

当林肯把这场战役放在一条很长的时间线上分析的时候，民众就会发现眼前的困难并不算什么，他们对未来依旧充满了希望。

第二，空间维度。

《吕氏春秋》记载了这样一个有意思的寓言故事：楚国有个人想要渡江，结果在船上的时候不小心把随身佩戴的宝剑掉在了水里。于是他立刻在船上刻了记号，并且说："这是我的剑掉下去的地方。"等到船靠岸的时候，他便要沿着刻记号的地方跳下去寻找宝剑。

他这样做肯定是找不到的，因为他没有根据空间的角度来思考问题。其实从剑掉下去的那一刻开始，剑的位置就已经固定在那里，而他自己坐着船已经行驶了很长的距离，这个时候位置早已发生了很大的偏移。他要想从船靠岸的地方开始找，肯定不会找到的。

这个故事启发我们：思考问题也要从空间维度出发，否则很有可能陷入思维的误区，从而找不到正确解决问题的办法。

总而言之，当你思维受限的时候，不妨做一个时空穿越者，从时间和空间的角度再好好想想，或许就能突破眼前的困局，从而迎来柳暗花明的美好结局。

换个角度看人看事

周瑜嫉妒诸葛亮的才华，想要通过和他制订"3天之内造10万支箭"的严苛要求，来取诸葛亮的性命。

按照常理来说，诸葛亮要想靠传统的制箭工艺在短时间内凑齐这么多箭是根本不可能的。于是他换个角度，想到了"借"的方式。那么应该如何去借呢？诸葛亮根据天时地利制订了一套完美的借箭方案，最后轻松从曹操那里取回来10万支箭。

有时候，当你从一条路走不通的时候不妨换个角度想一想，或许你会豁然开朗，思维一下就被打开了。

那么，在日常工作和生活中，我们应该如何换个角度思考问题呢？主要有以下两个办法。

第一，我们可以从事物的好坏面出发来思考问题。

一天，有个皇帝睡觉的时候做了一个梦，在梦里他看到山倒了，水干了，花谢了。醒来之后，皇帝整个人都不好了，因为他觉得山倒了就意味着自己的江山不保，水干了意味着民心散了，花谢了意味着好景不长。在这种消极思想的操控下，皇帝陷入深深的焦虑和抑郁之中，茶饭不思，心神不宁，一病不起。

这个时候，一个大臣听到了这件事情，赶忙过来安慰皇帝，他说："皇上好梦啊！山倒了，说明天下太平了；水干了，说明真龙要现身了呀；花谢了，这说明要结果实了。"皇帝听了大臣的话，高兴不已，身体也很快康复了。

从哲学层面来看，任何事物都是对立统一的。它既有好的一面，也有坏的一面。当我们被坏的一面搞得焦头烂额，痛苦不堪时，我们不妨换个角度，想想它好的一面，这样内心就没有那么难受了。

第二，我们要走出原有的思维桎梏。

有个国家的国王喜欢外出巡游打猎，但那个时代过于久远，人们还没有学会穿鞋子。

有一次，国王在外出的时候不小心被路上的一根刺扎破了脚，恼羞成怒的他随即把过错推到了侍从身上，并把他们打了一顿。

第二天，他命令大臣们在一个星期之内把所有的道路都铺上毛皮，如果完不成任务的话就砍了他们的脑袋。

于是大型的屠宰活动便由此展开了，成千上万的牲口被杀害，但是铺成的道路却还不及百分之一。眼见规定的时间快要到了，大臣们急得团团转。这时，有个大臣的女儿灵机一动，想到了一个好主意。她从父亲那里拿了两块皮，按照脚的模样做成了两只口袋样的鞋子。

当这双鞋子第二天给国王穿上的时候，他非常高兴，走到哪里都不愿意脱下来。因为它不仅防风保暖，而且还让自己的脚免受异物的伤害，真是一举两得。

后来，国王命人把铺在街上的毛皮全部掀起来，给每个人都做了一双鞋子，并且在做的过程中他们还想到很多新奇有趣的样式。

当我们因为一个问题想不通的时候，千万不要灰心丧气，我们可以试着跳出原有的思维模式，像那个女孩一样，将"铺路"改为"穿鞋"。这样一来，虽然方式方法改变了，但是想要的效果却一点都不打折。

有一句话叫："只要思想不滑坡，办法总比困难多。"在思考的时候，我们可以从不同的角度看问题，这样会大大开拓我们的思路，帮助我们冲破思想的藩篱，获得新的知识。而且更重要的是，一个看似很困难的问题也可以用巧妙的方法轻松解决。

保持阅读，觉醒思维

苏霍姆林斯基在《给教师的建议》一书里写过这样一段话：

"阅读好比是使思维受到一种感应，激发它的觉醒。请记住，儿童的学习越困难，他在学习中遇到的似乎无法克服的障碍越多，他就应当更多地阅读。阅读能教给他思考，而思考会变成一种激发智力的刺激。书籍和由书籍激发起来的活的思想，是防止死记硬背（这是使人智慧迟钝的大敌）最强有力的手段。学生思考得越多，他在周围世界中看到的不懂的东西越多，他对知识的感受性就越敏锐，而你当教师的人，工作起来就越容易了。"

其实，他的这段话不仅适用于儿童，还适用于成人。因为不管是儿童还是成人，都需要通过阅读的方式，激发自己的智力，使自己的思维觉醒。

放眼生活，我们会发现周围有一部分人思维呆滞，说话吞吞吐吐，言辞枯燥乏味，交流起来很是无趣；也有一部分人思维敏捷，反应迅速，能言善辩，说起话来很有魅力。那么二者之间为什么会有这么大的差别呢？其实很大一部分原因是前者不喜欢读书，脑袋空空，而后者喜欢阅读，脑袋里已经储存了丰富的知识。所以，当他们对某个问题发表自己的观点时思绪犹如泉涌一般，侃侃而谈，根本不必担心没有话说。

撒贝宁是大家眼里不折不扣的优秀主持人，他也因为很多神级控场表现获得大众的一致赞赏。

有一次，一位知名歌手来参加一档节目时，有观众对他提出了这样一个问题："我在网上搜索过气歌手的时候，相关链接里就会出现你的名字。我想知道，当我提'过气'两个字的时候，你的内心会不会感觉被抓了一下呢？"现场气氛颇为尴尬。而才思敏捷的撒贝宁见此情景，激动地说了这样一段话，他说："过气只是一个时间概念，它并不意味着明星就会被粉丝遗忘和抛弃。他的名字可能会很少出现在微博热搜上，但会一直存在人们的心里。这就好比你非要让乔丹回到篮球场，去跟现在 20 多岁的小伙子去拼 NBA 的总冠军，这不科学，但这并不影响乔丹仍然是 NBA 的神。"

撒贝宁巧用乔丹的事例，化解了现场的尴尬。

被称为情商天花板的撒贝宁，为何总能在关键时刻用几句话就扭转局面呢？这要得益于他爱读书、爱学习的好习惯。日常闲暇时候，他喜欢看哲学、历史、文学科普等各类书籍，一本《文学回忆录》更是通篇背过。正是因为他有丰厚的知识积淀，所以在遇到事情的时候总是思路开阔，引经据典，三两句话就能将问题化为无形。

撒贝宁的故事告诉我们：保持阅读的习惯是觉醒我们思维的一种重要方式。那么在阅读的过程中，我们应该怎么做才能保障它的效率呢？主要有以下三种方法。

第一，集中注意力。

阅读的效率高不高，关键在于读书人的注意力能否集中。如果你在阅读的过程中三心二意，一会看手机，一会吃零食，那么心思自然不能全部集中在书本上，因此能够获得的知识也是有限的。

第二，学和思相辅相成。

孔子曰："学而不思则罔，思而不学则殆。"在阅读的过程中，学和思二者是缺一不可的。只读书而不思考，很难形成自己的见解；只思考而不读书，则容易让人陷入绝境。只有学和思相互辅助，才能让我们的思维得到升华，能力得到蜕变。

第三，带着目的去读书。

死读书，读死书，对于我们的实际生活没有任何意义。在读书之前，我们首先应该问问自己：我想从这个内容里获得什么样的知识。然后我们带着这个目的去看书，就会起到事半功倍的阅读效果。

刘向说过："书犹药也，善读之可以医愚。"由此可见，读书的作用非常重大。最后，愿我们每一位读者都能意识到读书的重要性，然后通过阅读在超越世俗生活的层面上建立起精神生活的世界。也愿大家在阅读的过程中能获得知识的滋养，思维的升级，能力的提升，以及人生的幸福。

思维升级，从总结复盘开始

柳公权小的时候天赋异禀，在书法方面表现得非常出色。他本人也因为写得一手好字而洋洋自得。正当他骄傲自满之时，一位卖豆腐的老人却毫不留情地给他浇了一盆冷水，老人说："你这个字写得软绵绵的，根本没有一点筋骨，有什么好炫耀的，有的人用脚写都比你写得好看。你要是不相信的话，可以跟着我进城看一看。"

年轻气盛的柳公权自然不服气，第二天他便跟着老人来到城里。在这里，他看到一个无臂老人熟练地用脚写出几个苍劲有力的大字，柳公权看后羞愧地低下头，从此再也不炫耀了。

为了进一步提升自己的写字水平，他还特意去请教，无臂老人告诉他写好字的秘诀就是：写完八缸水，染黑一池水。柳公权这才意识到自己在这方面下的苦功还不够。反思之后的柳公权每天不停地练字，手上磨起了厚厚的茧子都不愿意停下来，就这样勤奋刻苦的他最终成为唐朝著名的书法家。

海涅说："反省是一面镜子，它能将我们的错误清清楚楚地照出来，使我们有改正的机会。"诚然如此。一代大家柳公权正因为有反思总结的能力，所以他才能发现自己的问题所在，进而努力改进，提升自己的能力。

反之，如果我们在工作中不认真复盘，不主动反思，不积极改进，那么自然就白白浪费这些可贵的经历，最后也无法产生深度的思考，也无法完成能力的提升。

要想思维升级，能力提升，就应该从总结复盘开始。真正的复盘不是单一维度的时间管理的复盘，如记录自己今天做了什么，完成了哪些目标，把时间都花在哪里等，而是应该在工作的过程中做一个详细的分析和总结。这种总结不是年复一年、千篇一律的形式主义，而是从中找出利弊得失，把过去的经验内化于心、外化于行，这样我们才不会被同一块石头绊倒两次，才不会交重复的学费。

那么具体怎么做，我们才能高效完成总结复盘呢？STAR 模型是一个不错的复盘工具。

S（背景）：你当初设定目标时的背景。

T（目标）：回顾你的具体目标。

A（行动）：你为了达成目标采取了哪些行动？

R（结果）：你达成的结果。

当你利用 STAR 模型把自己的工作总结一番之后，你就可以评估自己的结果，分析成功或者失败的原因（主观原因／客观原因），总结其中的规律。这样你的认知和思维才能进一步提升。

　　另外，我想提醒大家，在总结复盘的时候，你可以在纸张的左边记录目标、行动、结果等，在右边写总结出来的经验教训，这样有利于你高效地自我精进。在反思的过程中，我们也不能浅尝辄止，而应该以学习为导向，深度思考其中成功和失败的原因，这样才能达到快速进步的目的。

　　最后，大家要明白，复盘总结不能仅仅停留在思想认知层面，还应该付诸下一阶段的实践中，通过实践结果来判断之前获得的经验是否正确。

　　总而言之，不会总结反思的人，经历会白白流失；会做总结复盘的人，则持续精进，获得快速成长的机会。不过，复盘总结虽然对我们成长有益，但也不需要天天进行。一般来说，复盘的频率按周来就可以了。

运用"大胆假设，小心求证"的八字战略

在五四时期的新文化运动中，胡适先生提出了一个科学研究的方法论：大胆假设，小心求证。所谓的"大胆假设"是倡导人们要打破既有观念的束缚，挣脱旧有思想的牢笼，大胆创新，对未解决的问题提出新的假设；"小心求证"就是基于假设要寻找事实，进行证明，这是一种务实严谨的学术态度，不能有半点马虎。

这八字策略不仅适用于科学研究，而且对于我们的决策制定也有一定的指导意义。

一天，医院来了一位病人，接诊医生问他："你怎么了？"病人答道："我最近一直咳嗽，有的时候还吐血，而且总感觉浑身软绵绵的，没有力气。"医生听完之后，又详细地询问了一下病人当前症状的开始时间、诱因、持续时间，以及生活的环境等。经过初步的诊断，医生在心中提出了一个假设：这个人可能得了肺结核。

为了进一步验证这个推断是否正确，他又给病人开了一张 CT 检查的单子和一个痰液常规检查。检查结果出来之后，医生发现病人的肺部确实存在病灶，而且痰里也检查出结核杆菌。最后，医生得出结论：这是一位

肺结核病人。

　　上面案例中的医生就娴熟地使用了"大胆假设，小心求证"的八字策略。在看病的前半段，医生询问了病人的现病史，从而做出了自己的假设和推断；后半段则在推断的基础上做出了针对性的检查，这是一个"小心求证"的过程。通过 CT 检查和痰检，医生验证了自己的设想是正确的。在此过程中，如果医生的推断和假设被证明是正确的，那么他会根据确诊的疾病对症下药；如果医生的假设被证明是错误的，那么他会重新提出其他的设想，接着再进行下一步的验证。一个人面对任何事情，都应该有自己的一个初步判断，这是个人的直觉。根据这种直觉，你不妨大胆地设想一下你的决策。正是因为有大胆的设想，所以才有实现的可能，如果我们连想都不敢去想，那怎么还有勇气和能力去创造奇迹呢？

　　随着人口的持续增加，城市用地也日益紧张起来。在此背景下，美国云端建筑设计工作室提出了一个大胆的设计方案：建造悬浮于太空的摩天大楼。在他们的设想里，这栋大楼预计要吊在一颗距离地表约 5000 公里的小行星上，建造的时候由上而下，从外太空向地球表面延伸。建成之后的大厦悬浮于太空，可以脱离地球表面，远离洪水和地震的威胁。这栋大厦的顶楼还会比地面多出 45 分钟的白天。而且更重要的是，这栋大楼由于受地球自转和小行星运动的影响，还会循着"8"字的路线运动。所以，当人们有一天有幸登上这栋建筑时，他们还可以在上面浏览不同的风景。

　　这样的设想大胆而前卫，梦幻而美好，为人类未来的居住环境创造了很多的可能，所以说它很有意义。

　　不过大胆的假设并不是事实的真相，所以接下来需要我们进一步仔细地求证。在此过程中，考验的是我们的逻辑推理能力、思辨能力，以及信息归纳和处理的能力。我们只有把这一步做好，前面大胆设想的部分才更有意义。

逆向思考：敢于反其道而思之

你听说过著名的哈桑借据法则吗？

一位商人向哈桑立下字据，借了 2000 块钱。可到了临近还款日时，粗心的哈桑竟然将借钱的凭证弄丢了。哈桑知道，一旦这个重要的东西丢了，商人很有可能就不认账了。

为此，他非常着急，赶紧向朋友求救。朋友建议哈桑给商人寄一封信，信的内容就写：请及时归还我借给你的 2500 元。哈桑对此表示疑惑，自己明明借出去 2000 元，怎么让对方归还 2500 元呢？不过，他还是按照朋友的嘱咐做了。很快，商人就回信了，他在回信里说："我向你借了 2000 元，不是 2500 元，约定的时间一到我就还给你。"

这个故事就是逆向思维的典型代表。在我们的生活中处处潜藏着很多变数，而我们要想娴熟地处理这些变数，就要学会用逆向思维来思考问题。

那么什么是逆向思维呢？逆向思维又称求异思维，它是对司空见惯的似乎已成定论的事物或观点反过来思考的一种思维方式。敢于"反其道而思之"，让思维向对立面的方向发展，从问题的相反面深入地进行探索，树立新思想，创立新形象。

当大家都习惯朝着一个固定的方向思考问题时，你可以朝相反的方向思索，比如有人失足掉进了水缸，按照常人的思维应该是救人离水，而司马光却采用逆向思维——让水离人，以"出奇"的招数达到了"制胜"的目的。

逆向思维模型是一个很有用的思维模型，在处理问题的时候，如果使用得当，可以起到事半功倍的效果。在日常生活和工作中，我们应该怎么做才能锻炼自己的逆向思维呢？主要方法有以下三种。

第一，心理逆向法。

有一次，法国引进了一些高产量的土豆。政府希望农民能够大量种植这个品种的土豆，但不管他们怎么卖力宣传，农民们丝毫提不起兴趣。

后来，有个人给他们出了一个主意：用全副武装的哨兵把所有种植这种新品种的试验田保护起来。老百姓看了很不理解，他们心想：不就是一块土地吗？难道里面还能种金子不成？

于是，在好奇心的驱使下，他们偷偷趁士兵不注意，拿回了试验田里的土豆，接着小心翼翼地种在了自家的田地里。到了丰收的季节，这种土豆的产量明显比一般的土豆高出不少，于是大家欣然接受了这个品种。没过多久，这种新土豆就被推广到法国的各个地方。

当问题解决不了的时候，不妨朝相反的方向思索一下，这种思维的前后转化很有可能给你迎来新的转机。

第二，缺点逆向法。

有一栋房子的地理位置非常偏僻，很多购买者见了都纷纷摇头。这时，有个中介告诉他们说："这里是难得一见的清幽宝地！它远离闹市的喧嚣，空气质量也非常好。虽然没有四通八达的道路环绕，但却是一个安静祥和的居住环境。如果你想亲近大自然，那么选择这个房子作为生态养生住宅无疑是最合适的。"

任何一个事物都存在这样那样的缺点，如果我们能采用逆向思维的方式，将缺点转化为优点，那么说服客户的概率就会大大增加。

第三，因果逆向法。

早在宋朝年间，有人就把天花病人皮肤上结的痘痂收集起来，磨成粉，然后吹入天花病患者的鼻腔。后来，这种技术还传入欧洲。英国医生琴纳利用相同的原理研制出效果更佳的牛痘疫苗，这无疑为人类消灭可怕的天花做出了巨大的贡献。这位医生的创新方法便是因果逆向法，具体来说就是某种恶果在一定条件下也可以转换为有利因素。

总而言之，逆向思维是一种非常有益的思维模式，它可以深化人们对事情的认知，帮助人们寻找解决问题的捷径，提高做事的效率。所以，我们可以把它应用到生活的方方面面。

好的理由才有好的结果

在某个农场里，住着一个不思上进的农夫。即便到了农忙季节，他还是悠闲地散步。有人看见了，就很疑惑地问他："你没有种小麦吗？"农夫答道："没有，因为我担心老天不下雨。"那人又问："那你没有种棉花吗？"农夫答道："没有，因为我害怕虫子吃掉棉花。"那人好奇地问农夫："那你到底打算种什么呢？"结果农夫回答道："我什么都不种，这样最安全。"那人听了农夫的话，很是无语，最后他意味深长地对农夫说："那你就等着挨饿吧。"

本来干旱和虫子对于农民来说就是一件很平常的事情，但是因为好逸恶劳、不思进取的本性使得农夫把它们看成了不可解决的大问题，于是他理所当然地选择了"躺平"，而不是把精力和时间用在怎么解决这些问题上。

《哈利·波特》的作者J.K.罗琳说过："改变我们的世界根本不需要什么魔法，只需要充分发挥我们内在的力量。"是啊，一个人的内在力量有多大，他的思维积极性就有多大。如果他没有兴趣和欲望做这件事，那么即使有人逼着，他也会心不在焉、消极懈怠，到处找理由推脱逃避。

反之，假如他的内心有一个非做不可的理由，或者对这件事有浓厚的兴趣，那么即使有再多的艰难险阻，他也会想办法一一克服。

电影《超级人生》的主人公名叫汤姆，他出生在一个贫苦家庭，为了维持生计，他早早就辍学打工了。一次偶然的机会，他在报纸上看到亿万富翁卡耐基的故事。卡耐基和他一样，也是家境贫寒，吃不饱，穿不暖，早早就辍学打工了，不过这个握着一手烂牌的人却依靠不懈的努力成功让自己逆天改命。汤姆看了卡耐基的故事备受鼓舞，他暗自发誓，自己将来一定要成为一个亿万富翁。

他兴奋地把这个远大的目标告诉爸爸，但爸爸却给他泼了一盆冷水。不过，他并不气馁，而是信心十足地踏上了外出打工的道路。

因为没钱买车票，所以他想方设法爬上了一辆开往外地的火车。到了目的地之后，为了让农场主收留自己，他一把抱起一旁的胖子，积极地向农场主展示自己的力量，最后他获得了工作的机会。在打工的过程中，他凌晨4点就起床，然后他把工友们分为两组，两组之间团结协作，互相配合，大大提高了工作效率。为此，汤姆还额外获得了一笔不菲的奖金。

后来，意识到打工赚不来大钱，他就积极向农场主请教成功的秘诀。

长大后的汤姆经过高人的指点，找到了赚钱的方向——去非洲开采石油。不过刚开始石油开采并不顺利，他掘地三尺还是没有看到想要的东西。此时，多年的积蓄已全都投入到石油开采当中，如果还不能出成果，那全家就得饿肚子了。

后来，他又找来一位地质专家帮忙，这才成功开采出石油。但这并不是故事的结束，随后他又遭到了农场主的敲诈，差一点败诉。多亏了律师的鼎力相助，才免于赔偿。

几年后，汤姆在律师的帮助下终于建立了自己的石油帝国，而他的身家也早已超过了千万。

从这个励志故事当中我们可以发现，主人公的成长非常不顺利，一路走来坎坷不断，问题迭出，但他思想积极，从不抱怨，而且想方设法跨越每一个障碍物，最终如愿实现了自己的梦想。

有人说，有了好理由才有好结果。对此，我深以为然。就像诺贝尔奖获得者丁肇中所说的那样："我经常不分日夜地把自己关在实验室里，有人以为我很苦，其实这只是我兴趣所在，我感到其乐无穷的事情，自然有兴趣干下去。"所以，成功也需要有一个好的理由推动。当你有一个好的理由时，你的思维便如脱缰的野马一般，向着目标的方向一路狂奔。

后　记

网上有一段话很火：

我站在一楼，有人骂我，我听到了很生气；我站在十楼，有人骂我，我听不清还以为他在跟我打招呼；我站在一百楼，有人骂我，我放眼望去只有尽收眼底的风景。

一个人若没有高度，看到的都是问题；一个人若没有格局，想的都是鸡毛蒜皮。我们只有开阔思维，提升层次，放大格局，才不会被困于生活的鸡毛蒜皮中，碌碌无为，抱憾终生。

正所谓"思维决定出路，格局决定结局"。一心只会盯着一亩三分地的小家雀是不可能飞到白云之上的，只有眼里和心中装满了山河天地的雄鹰才能自由地在天地间翱翔！

一个有思维格局的人，犹如一位身居高地、俯首众生的圣人一般，既能望得见前路坦荡，亦深知歧路叠嶂。他们所拥有的信息密度和知识层面远远高于常人，但他们谦逊有礼，愿意俯下身去与他人平等交谈，并且时常提出一些令人叹为观止的想法和观点。

格局远大、思维辽阔的人，即便陷入穷困潦倒之中也能巧思妙解，积极寻求改变之策，然后不卑不亢地熬过所有的苦难时光。就像石油大王洛克菲勒说的那样："即使你们把我身上的衣服剥得精光，一个子也不剩，然后把我扔在撒哈拉沙漠的中心地带，但只要有一支商队从我身边路过，我就会成为一个新的亿万富翁。"

思维格局不是成长的结果，而是成长的原因。一个人的思维格局，决定了他人生的上限。

往后余生，愿每一位读者都能在无人问津的岁月里浸润书香，在阅读里开阔自己的视野，在人情世故中增长自己的阅历，在委屈痛苦中撑大自己的格局。当你眼界的广度、思维的深度、追求目标的高度以及遇事的从容大度达到质的飞跃时，你会发现自己的人生正在发生不可思议的改变。